国家中等职业教育改革发展示范学校建设项目成果

零件的测绘与分析

（上册）

主　编　李　艳

副主编　朱国苹　李亭亭

参　编　黄　奕　傅　伟

机械工业出版社

本书采用工作页的教学理念将机械制图、机械基础、金属材料与热处理、机械制造工艺、极限配合与技术测量、AutoCAD计算机绘图等重要专业基础知识集于一身，便于教学的开展。

本书分上、下两册，共有五个学习任务。上册包含两个学习任务：测绘与分析减速器传动轴、测绘与分析减速器螺杆。下册包含三个学习任务：测绘与分析减速器齿轮、测绘与分析减速器箱体、绘制减速器装配图。每个学习任务由若干个学习活动组成，具有清晰的工作过程。每个学习任务包含学习目标、知识准备、完成学习任务需要掌握的信息、活动步骤，以及明确而具体的成果展示和评价标准。

本书可作技工院校和职业院校数控技术应用、模具设计与制造、机电一体化等机电类专业的专业基础课教材。

图书在版编目（CIP）数据

零件的测绘与分析. 上册/李艳主编. —北京：机械工业出版社，2013.7

ISBN 978-7-111- 43109-1

Ⅰ. ①零… Ⅱ. ①李… Ⅲ. ①机械元件-测绘 ②机械元件-结构分析 Ⅳ. ①TH13

中国版本图书馆 CIP 数据核字（2013）第 146102 号

机械工业出版社（北京市百万庄大街22 号　邮政编码100037）
策划编辑：王佳玮　责任编辑：王佳玮　版式设计：霍永明
责任校对：杜雨霏　封面设计：路恩中　责任印制：杨　曦
北京中兴印刷有限公司印刷
2013 年 10 月第 1 版第 1 次印刷
184mm×260mm　·14.75 印张·360 千字
0 001—2 000 册
标准书号：ISBN 978-7-111- 43109-1
定价：38.00 元

凡购本书，如有缺页、倒页、脱页，由本社发行部调换
电话服务　　　　　　　　　　网络服务
社服务中心：(010)88361066　教 材 网：http://www.cmpedu.com
销 售 一 部：(010)68326294　机工官网：http://www.cmpbook.com
销 售 二 部：(010)88379649　机工官博：http://weibo.com/cmp1952
读者购书热线：(010)88379203　**封面无防伪标均为盗版**

前　言

随着经济、社会的不断发展，现代企业大量引进新的管理模式、生产方式和组织形式，这一变化趋势要求企业员工不仅要具备工作岗位所需的专业能力，还要求具备沟通、交流和团队合作能力，以及解决问题和自我管理的能力，能对新的、不可预见的工作情况做出独立的判断并给出应对措施。为了适应经济发展对技能型人才的要求，培养高素质的数控技术应用等机械类专业高技能人才，编者根据数控技术应用等机电类专业各岗位综合职业能力的要求编写了本套教材。

本书是编者按照工学结合人才培养模式的基本要求编写而成的，通过深入企业调研、认真分析数控技术应用等机电类专业各工作岗位的典型工作任务，以减速箱为载体，将企业典型工作任务转化为具有教育价值的学习任务。读者可在完成工作任务的过程中学习机械制图、机械基础、金属材料与热处理、机械制造工艺、极限配合与技术测量、AutoCAD 机械制图等重要的专业基础知识和技能，培养综合职业能力。

本书分上、下两册，共有五个学习任务：测绘与分析减速器传动轴、测绘与分析减速器螺杆、测绘与分析减速器齿轮、测绘与分析减速器箱体、绘制减速器装配图，每个学习任务由若干个学习活动组成，具有清晰的工作过程。每个学习任务包含学习目标、知识准备、完成学习任务需要掌握的信息、活动步骤，以及明确而具体的成果展示和评价标准。

本书由广州工贸技师学院李艳担任主编，朱国苹、李亭亭担任副主编，黄奕、傅伟参与编写。

本书在编写过程中参阅了国内外出版的有关教材和资料，在此对相关作者表示感谢。

由于编者水平有限，书中难免存在不足之处，敬请读者批评指正，并提出宝贵意见。

编者

目　录

学习任务一

测绘与分析减速器传动轴

 **任务情境**

　　企业接到客户要求，批量生产减速器中的传动轴，因技术资料遗失，现提供减速器实物一台，需进行现场拆装、测绘、分析，形成加工图样。部门主管将该任务交给技术员，要求其在两天内完成。

　　该技术员接受任务后，查找资料，了解轴的结构及工艺要求，并与工程师沟通；确定工作方案，制订工作计划；交部门主管审核通过后，按计划实施；领取相关工具，拆样机、取传动轴，徒手绘制草图；选择合适的工具、量具对零件进行测量并标注尺寸；分析选择材料，制定必要的技术要求；用计算机绘制图样、文件保存归档、打印图样；分析、测绘过程中适时检查确保图形的正确性；主管复核正确后签字确认，图样交相关部门归档，填写工作记录。整个工作过程遵循 6S 管理规范。

 学习内容

1. 任务单专业术语
2. 减速器的种类、结构和功用
3. 机械、机器的含义及组成
4. 机械设计手册的使用方法
5. 测绘流程
6. 安全操作规程
7. 减速器拆装方法
8. 减速器各零部件的名称、结构及作用
9. 零件、构件和机构的概念
10. 测量工具的使用方法
11. 制图国家标准
12. 绘图工具的使用方法
13. 几何图形的画法
14. 基本体的三视图
15. 形体表达（断面图、局部放大图）
16. 尺寸标注（公差、尺寸链）
17. 绘图软件的使用方法
18. 金属材料性能
19. 图样的技术要求（表面粗糙度、热处理要求）
20. 6S 管理知识
21. 工作任务记录的填写方法

活动一　接受任务并制订方案

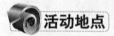

1）根据任务单专业术语识读任务单。

2）通过实物了解减速器，能叙述减速器的结构及功用。

3）对照产品，现场考察或通过多媒体了解机械（机器）组成及含义，区分机械、机器，记录客户需求。

4）通过查阅老师提供的资料（包括工作页、参考书、机械手册、互联网等），学习测绘流程，团队协作，教师指导编写任务方案。

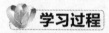

活动地点

零件测绘与分析学习工作站、数控车间。

学习过程

你要掌握以下资讯，才能顺利完成任务

一、接受任务单（表1-1）

表1-1　测绘任务单

单号：_____　开单部门：_____　开单人：_____

开单时间：_____年_____月_____日_____时_____分

接单部门：_____部_____组

任务概述	客户要求，批量生产减速器中的传动轴，因技术资料遗失，现提供减速器实物一台，需测绘形成零件图
任务完成时间	
接单人	（签名） 　　　　　　　　　　　年　　月　　日

请查找资料，将不懂的术语记录下来。

_____

_____

_____

小提示

信息采集源：1）《机械制图》

2）《机械设计手册》

其他：_____

二、企业参观

通过参观企业车间（图 1-1），可以发现：

1. 机器的主要特征

1）机器都是人为实体（构件）的组合。

2）各个运动实体（构件）之间具有确定的相对运动。

3）能够实现能量的转换，代替或辅助人类完成有用的机械功。

2. 机构的主要特征是

1）它们都是人为实体（构件）的组合。

2）各个运动实体之间具有确定的相对运动。

图 1-1　企业车间

从结构和运动学的角度分析，机器和机构之间____（A. 无　B. 有）区别，都是具有确定相对运动的各种实物的组合，所以，通常将机器和机构统称为**机械**。

3. 机器的组成

根据功能的不同，一部完整的机器由以下四部分组成：

1）动力部分：把其他类型的能量转换为机械能，以驱动机器各部件运动。

2）执行部分：直接完成工作任务，处于整个传动装置的终端，其结构形式取决于机器的用途。

3）传动部分：将原动机的运动和动力传递给执行部分的中间环节。

4）控制部分：包括自动检测部分和自动控制部分，其作用是显示和反映机器的运行位置和状态，控制机器的正常运行和工作。

试一试

填写洗衣机（图1-2）的组成部分。

三、减速器的功用与类型

1. 减速器的功用

减速器是把_____（如电动机）与_____（从动机）连接起来，通过不同齿形和齿数的齿轮以不同级数传动，实现定传动比减速（或增速）的机械传动装置。

2. 减速器的类型

1）按传动类型可分为齿轮减速器、_____、减速器和_____减速器等（图1-3）。

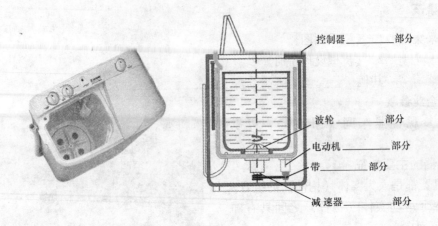

图1-2　洗衣机

单级圆柱齿轮减速器　　　　蜗轮蜗杆减速器　　　　行星齿轮减速器

图1-3　减速器按传动类型分类

2）按传动级数可分为单级和_____减速器（图1-4）。

单级圆柱齿轮减速器　　　　三级圆柱齿轮减速器（展开式）

图1-4　减速器按传动级数分类

3）按轴在空间的相对位置可分为卧式和_____减速器（图1-5）。

4）按传动布置方式可分为展开式、_____和_____式等（图1-6）。

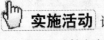 **实施活动** 试写出测绘流程

测绘零件包括以下几个步骤：

锥齿轮减速器（卧式）

立式齿轮减速器

图1-5 减速器按空间位置类型

二级圆柱齿轮减速器（展开式）

二级圆柱齿轮减速器（分流式）

单级圆柱齿轮减速器（同轴式）

图1-6 减速器按传动布置方式分类

A. 归档　　B. 绘制草图　　C. 标注　　D. 填写技术要求
E. 计算机绘图　　F. 核查　　G. 测量

请写出测绘正确流程：

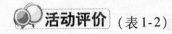 **活动评价**（表1-2）

表1-2　活动评价表

评价	各组选出优秀成员在全班讲解制定的测绘流程 小组互评、教师点评	小组名次

活动二　拆装减速器

能力目标

1）按照安全操作规程，能独立完成机器的拆装。

2）对照实物，能正确叙述零部件的名称和作用。

活动地点

零件测绘与分析学习工作站。

学习过程

 你要掌握以下资讯，才能顺利完成任务

一、减速器的组成

减速器由箱体、轴、轴上零件、轴承部件、润滑密封装置及减速器附件等组成，如图1-7所示。

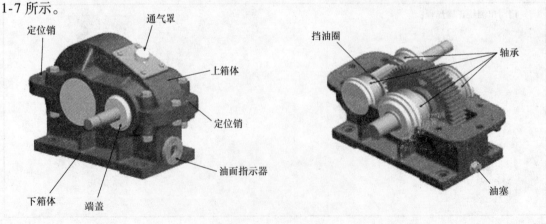

a)　　　　　　　　　　　　　　　　b)

图1-7　单级圆柱齿轮减速器

二、减速器各零部件的名称、结构及作用

1. 轴的作用

通过（图1-8）_____和轴承盖固定在箱体上，用来支承传动零件传递转矩。

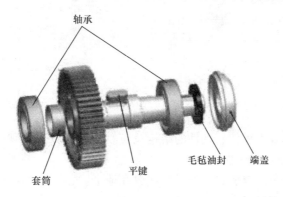

图1-8 输出轴

2. 轴承的作用

轴承在机械传动过程中起_____（A. 支承   B. 固定）和减小摩擦的作用。

3. 齿轮的作用

齿轮用于传递动力，改变_____（A. 速度   B. 距离）和方向。

4. 键的作用

键用来连接轴和轴上带轮、齿轮等，起到传递转矩的作用。

5. 箱体的作用

箱体用于支承_____及轴上零件。

为装拆方便，箱体常采用剖分式结构，箱盖和底座用螺栓联成整体，如图1-9所示。

图1-9 箱盖和底座

小词典

零件是机器制造单元。从制造角度来讲，机器由许多机械零件组成，包括通用零件与专用零件。

构件是机器的运动单元，可以是一个零件，也可以是若干零件的刚性组合体。

想一想

减速器中，零件有_____

减速器中，构件有_____。

三、机器的拆装

1. 机器装配的一般顺序（注：与拆卸顺序相反）

1）先下后_____。

2）先内后_____。

3）先难后_____。

4）先重大后_____。

5）先精密后_____。

2. 拆装注意事项

1）拆卸前要仔细观察零件、部件的结构及位置，考虑好拆装顺序，拆下的零件、部件要统一放在盘中，以免丢失或损坏。

2）拆卸后的物件要成套放好，不要直接放在地上。

3）装轴承时不得用锤子直接敲打。

4）在用扳手拧紧或松开螺栓、螺母时，应按一定顺序（装：从里到外成对角；拆：从外到里成对角）逐步（分2~3次）拆卸或拧紧。

5）爱护工具、仪器及设备，小心拆装，避免损坏。

6）实施过程遵守6S管理。

💡 **小词典**

6S指整理（SEIRI）、整顿（SEITON）、清扫（SEISO）、清洁（SEIKETSU）、素养（SHITSUKE）、安全（SECURITY），因其日语的拼音均以"S"开头，因此简称为"6S"。

👉 **实施活动** 减速器的拆装

分组教学，以6人一小组为单位进行练习。

一、工量具、设备

1）单级或二级减速器一台。

2）活扳手二把、套筒扳手一套。

3）锤子一把。

二、工作流程

1）观察减速器外形及外部结构。

需要拆装工具包括

_____。

2）拆卸步骤（图1-10）：

第一步：拆卸箱盖。

① 先拆卸轴承端盖的紧固螺钉（嵌入式端盖无紧固螺钉）；用扳手按_____顺序，大约分_____次松开并拆卸螺栓、螺母。

② 再拆箱体与箱盖的连接螺栓，起出

图1-10　减速器结构

定位销钉。

③ 拧动起盖螺钉，卸下箱盖。

第二步：观察减速器内部各零部件的结构和布置（图1-11a）。

第三步：从箱体中取出各传动轴部件（图1-11b、c）。

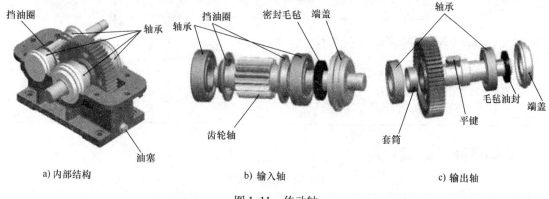

挡油圈　轴承　轴承　挡油圈　密封毛毡　端盖　轴承

油塞　齿轮轴　套筒　平键　毛毡油封　端盖

a) 内部结构　　　　　b) 输入轴　　　　　c) 输出轴

图1-11　传动轴

 **小组竞赛**

一、比赛要求

20min内按照拆装要求，正确拆装减速器，调整部位，满足技术要求，并对照实物说出减速器各主要组成零部件的名称及其在机器中的作用。

二、注意事项

1）严格按照拆装顺序，注意操作安全。

2）对各调整部位的调整垫片要点清、放好、做记号，不能乱换、搞错。

3）对有预紧力规定的螺栓和螺母要按正确操作方法进行紧固。

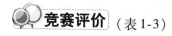 **竞赛评价**（表1-3）

表1-3　竞赛评价表

评价		小组竞赛		小组名次	
评分项目		评分标准	满分	评委给分	备注
一	分解	1. 分解顺序不正确扣5～10分 2. 分解方法不正确扣5～10分	30		
二	回答问题	1. 回答错误一处扣2～5分 2. 回答不全，酌情扣分	20		
三	组装	1. 组装顺序错乱扣5～10分 2. 零部件不清洁扣5～10分 3. 错装、漏装一处扣5～10分 4. 未做规定检查扣3～5分 5. 未按规定扭紧螺栓扣5～10分	30		

（续）

评价		小组竞赛		小组名次	
评分项目		评分标准	满分	评委给分	备注
四	工具选择	工具一次选择或使用不当扣 2～5 分	10		
五	安全文明	1. 违反安全操作规程扣 2～5 分 2. 工作台及场地脏乱扣 2～5 分	10		
总分			100		

活动评价 （表1-4）

表1-4　活动评价表

完成日期			工时	20min	总耗时		
任务环节		评分标准		所占分数	考核情况	扣分	得分
拆装减速器		1. 为完成本次活动是否做好课前准备（充分 5 分，一般 3 分，没有准备 0 分） 2. 本次活动完成情况（好 10 分，一般 6 分，不好 3 分） 3. 完成任务是否积极主动，并有收获（是 5 分，积极但没收获 3 分，不积极但有收获 1 分） 4. 加分情况中：小组竞赛中，本组获得第一名，加 10 分；本组获得第二名，加 7 分；本组获得第三名，加 4 分		30	自我评价： 学生签名		
		1. 准时参加各项任务（5 分）（迟到者扣 2 分） 2. 积极参与本次任务的讨论（10 分） 3. 为本次任务的完成提出了自己独到的见解（3 分） 4. 团结、协作性强（2 分） 5. 超时扣 2 分 6. 加分情况：小组竞赛主要参与者，加 10 分；积极参与者，加 7 分；参与者，加 4 分		40	小组评价： 组长签名		
		1. 拆装顺序错一处扣 2 分 2. 拆装工具使用不正确一处扣 2 分 3. 动作是否规范，错误一处扣 2 分 4. 拆卸物摆放不规范一处扣 2 分 5. 超时扣 3 分 6. 减速器主要零部件的名称错一处扣 1 分 7. 减速器主要零部件的作用错一处扣 2 分 8. 违反安全操作规程扣 2～5 分 9. 工作台及场地脏乱扣 2～5 分		30	教师评价： 教师签名		
总　分							

小提示

只有通过以上评价，才能继续学习哦！

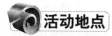 活动三 手工绘制减速器传动轴

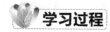 **能力目标**

1）叙述机械零件图的基本内容及作用。

2）能正确选择和使用绘图工具和仪器，并根据国家标准《技术制图》《机械制图》中的有关基本规定绘制几何图形。

3）运用平面图形的尺寸和线段分析方法，正确拟定平面图形的作图步骤。

4）能选择合适的表达方案绘制轴类零件的零件图。

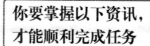 **活动地点**

零件测绘与分析学习工作站。

 **学习过程**

1.3.1 认识轴的零件图

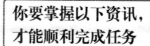

你要掌握以下资讯，才能顺利完成任务

 引导问题

齿轮轴（图1-12）_____（是、不是）减速器中的一个零件。

图1-12 齿轮轴

小组讨论，如何表达此零件？

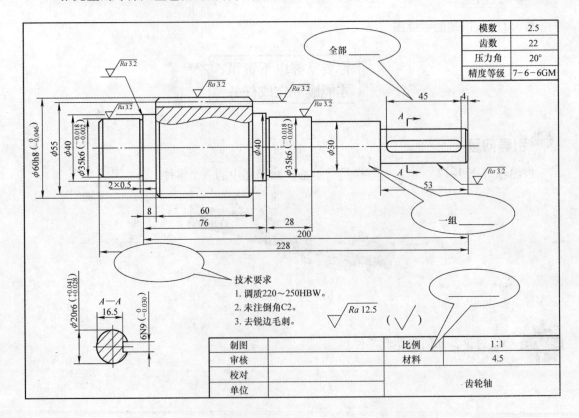

![小提示]

信息采集源：1）《机械制图》
　　　　　　2）《机械设计手册》
　　　　　　其他：_____

一、零件图的作用及内容

零件图是用来表示零件的结构形状、大小及技术要求的图样，是直接指导制造和检验零件的重要技术文件。

一张完整的零件图应包括的内容，请在图 1-13 中填写。

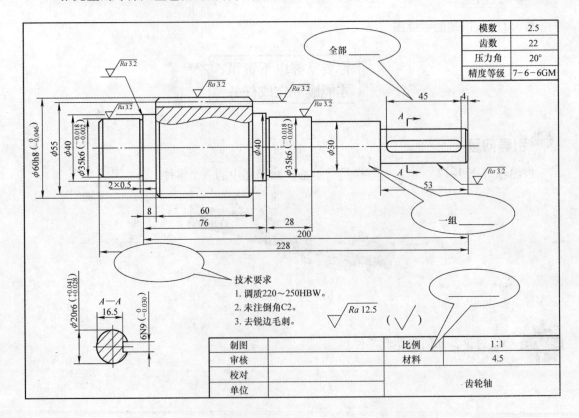

图 1-13　零件图

二、制图的基本规定

1. 图纸幅面和格式

幅面代号为 A0、A1、A2、_____ 、_____（表 1-5）。

表 1-5 图纸幅面尺寸及图框尺寸 　　　　　　　　　　（单位：mm）

幅面代号（图 1-14）	A0	A1	A2	A3	A4
$B \times L$	841×1189	594×841	420×594	297×420	210×297
e	20			10	
c	10			5	
a	25				

图框格式分别为留有装订边的图框、不留装订边的图框，如图 1-14 所示。

练一练

A3 图纸，横放，不留装订边，形式如图 1-14 _____（A. 图 a　　B. 图 b），图框大小为_____。

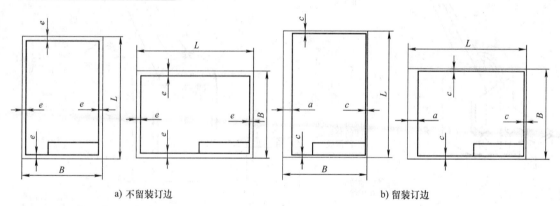

a) 不留装订边　　　　　　　　　　　　　b) 留装订边

图 1-14 图框格式

2. 比例

零件图中，图形与其实物相应要素的线性尺寸之比称为比例（表 1-6）。

表 1-6 比例

种　类	第一系列		第二系列	
原值比例	1:1		— —	
放大比例	2:1　　　5:1 $1 \times 10^n:1$　$2 \times 10^n:1$　$5 \times 10^n:1$		2.5:1　　4:1 $2.5 \times 10^n:1$　$4 \times 10^n:1$	
缩小比例	1:2　　　1:5　　　1:10 $1:2 \times 10^n$　$1:5 \times 10^n$　$1:1 \times 10^n$		1:1.5　1:2.5　1:3　1:4　1:6 $1:1.5 \times 10^n$　$1:2.5 \times 10^n$　$1:3 \times 10^n$　$1:4 \times 10^n$	

注：表中 n 为正整数。

原值比例为_____，2:1 为_____比例，1:2 为_____比例。

3. 字体

图样上所注写的汉字、数字、字母必须做到字体工整、笔画清楚、间隔均匀、排列整齐。字体的字号即字体的_____（A. 高度　B. 长度），国家标装规定了八种字号，分别为 20、14、10、_____、_____、3.5、2.5、1.8。

图样中，汉字应写成_____（A. 长仿宋体　B. 宋体）字，字母和数字可写成斜体和直体两种。

4. 图线

基本线型有_____、细实线、_____、粗虚线、_____、粗点画线、双点画线、波浪线和双折线（图1-15）。

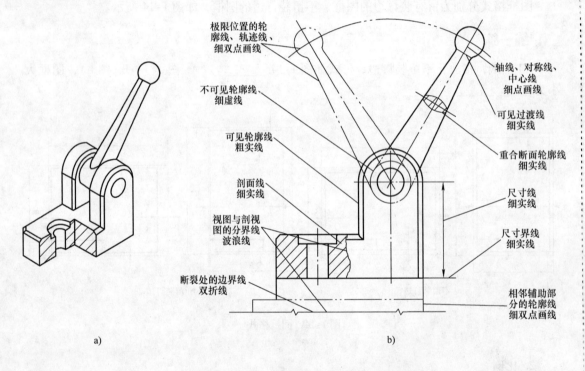

图1-15　各种线型应用示例

三、几何作图

1. 等分线段

请将线段 AB 分成五等份（图1-16）。

$A \rule{3cm}{0.4pt} B$

图1-16　分割直线段 AB 为五等份

2. 等分圆周

请将图1-17 所示的圆分成三等分、四等分、五等分、六等分。

3. 斜度和锥度

（1）斜度　斜度指一直线（或平面）对另一直线（或平面）的倾斜程度（图1-18a）。斜度的大小用该两直线夹角（或两个平面夹角）的正切来表示，并把比值化为 1:n 的

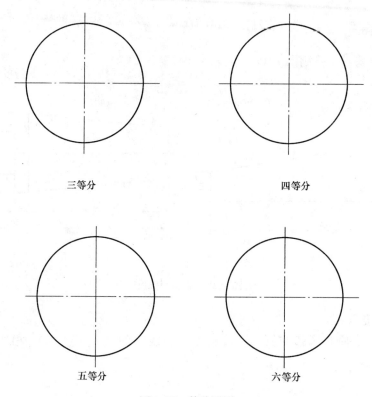

三等分　　　　　　　　　四等分

五等分　　　　　　　　　六等分

图 1-17　等分圆周

形式，加注斜度符号"∠"或"⊿"，即斜度 $= \mathrm{tg}\alpha = \dfrac{H}{L} = \dfrac{H-h}{l} = 1:n$（请在图 1-18a 中，标注斜度符号）。

（2）锥度　锥度指正圆锥底圆直径与其高度之比，锥度简化形式 $1:n$ 表示，并加注锥度符号"◁"或"▷"，方向应与圆锥方向一致（图 1-18b），即锥度 $= \dfrac{D}{L} = \dfrac{D-d}{l} = 2\tan\alpha$（请在图 1-18b 中标注锥度符号）。

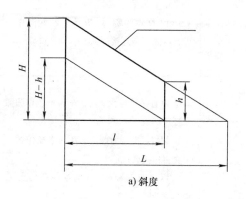

a) 斜度

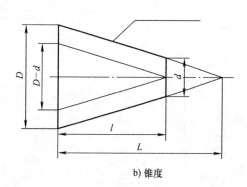

b) 锥度

图 1-18　斜度与锥度标注

试一试

请根据尺寸要求，绘制图 1-19。

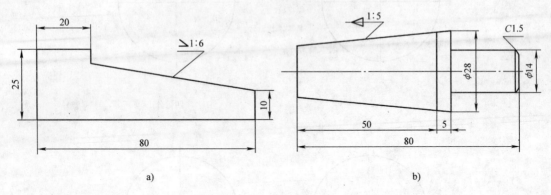

a)   b)

图 1-19　斜度与锥度

4. 圆弧连接

圆弧连接的实质是圆弧与圆弧，或圆弧与直线间的 ＿＿＿＿＿＿＿（A. 相切　B. 相交　C. 相连）关系。

画一画

请根据作图步骤，用圆弧连接表 1-7 中的两已知线段。

表 1-7　圆弧连接

类别	图　　例	作图步骤
用圆弧连接锐角或钝角		1. 作与已知两边分别相距为 R 的平行线，交点即为连接弧圆心 2. 过 O 点分别向已知角两边作垂线，垂足 T_1、T_2 即为切点 3. 以 O 点为圆心，R 为半径在两切点 T_1、T_2 之间画连接圆弧
用圆弧连接直角		1. 以直角顶点为圆心，R 为半径作圆弧交直角两边于 T_1 和 T_2； 2. 以 T_1 和 T_2 为圆心，R 为半径作圆弧相交得连接弧圆心 O； 3. 以 O 点为圆心，R 为半径在切点 T_1 和 T_2 之间作连接弧

（续）

类别	图　例	作图步骤
圆弧外连接两已知圆弧	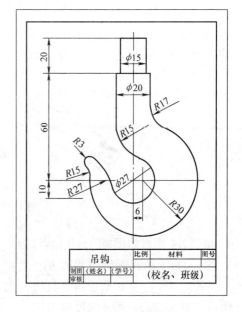	1. 分别以 O_1、O_2 为圆心，$R+R_1$、$R+R_2$ 为半径画弧，交得连接弧圆心 O 2. 分别连 OO_1、OO_2，交得切点 T_1、T_2 3. 以 O 为圆心，R 为半径画弧，即得所求
圆弧内连接两已知圆弧		1. 分别以 O_1、O_2 为圆心，$R-R_1$、$R-R_2$ 为半径画弧，交得连接弧圆心 O 2. 分别连 OO_1、OO_2 并延长交得切点 T_1、T_2 3. 以 O 为圆心，R 为半径画弧，即得所求

 实施活动　用 A4 图纸绘制吊钩零件图（图 1-20）

分组教学：以 4 人一小组为单位，进行练习。

一、工具/仪器

图板、绘图铅笔、橡皮、三角板、图纸、胶带纸、丁字尺。

二、工作流程

步骤一：绘制一张 A4 图纸（不留装订边，竖放）

1. 准备图板

图板用来固定图纸，一般用胶合板制作，四周镶硬质木条。

图板的规格尺寸有：

1）0 号：900mm×1200mm。

2）1 号：600mm×900mm。

3）2 号：450mm×600mm。

观察所用的图板，请填写：

图 1-20　吊钩零件图

图板为_____号，大小尺寸为_____。

2. 将绘图纸固定在图板上

准备 张 A4 图纸，如图 1-21 所示，将图纸固定。

为方便作图，应将图纸贴在靠图板左下角一些，并用丁字尺校正底边。

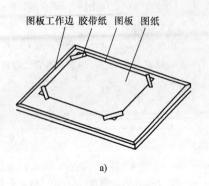 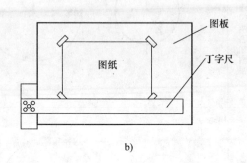

图 1-21　图纸固定

根据测量数据，请填写：

A4 图纸的大小尺寸为_____，与标准 A4 图纸的大小关系为_____。

3. 准备铅笔

准备三支铅笔，H、HB、2B，铅芯的软硬如图 1-22 所示，铅芯形状如图 1-23 所示。

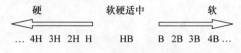

图 1-22　铅芯软硬

H 铅笔的作用是 _____，磨 削 成 _____ 形。

HB 铅笔的作用是_____，磨削成_____形。

2B 铅笔的作用是_____，磨削成_____形。

 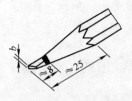

a) 圆锥形　　　　　b) 四棱柱形，其端面成矩形

图 1-23　铅芯形状

4. 绘制 A4 图纸的图框（不留装订边）

如图 1-24 所示，图纸边界线用_____线绘制；B 的尺寸为_____，L 的尺寸为_____；假设留装订边，则 a 的尺寸为_____，c 的尺寸为_____。

假设不留装订边，则 e 的尺寸为_____，图框线用_____线绘制。

粗实线的线宽为_____。

细实线的线宽为_____。

5. 绘制标题栏（图1-25）

标题栏在图纸的_____位置。

标题栏的方向一般为_____方向。

简易标题栏中的图线为_____线，外框为_____线。

标题栏中字号为_____，字体为_____字。

步骤二：绘制吊钩（图1-26）

1. 图形尺寸分析

（1）确定尺寸基准　标注尺寸的起点，称为尺寸基准。

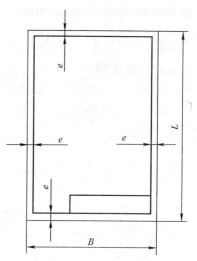

图1-24　图纸图框

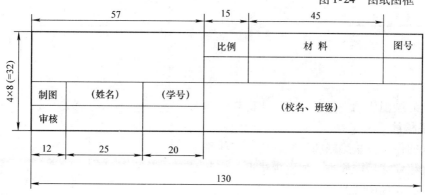

图1-25　简易标题栏

通常以图形的对称中心线、较大圆的中心线、图形轮廓线作为尺寸基准。

本图的尺寸基准有：_____个，长度方向的基准为_____；宽度方向的基准为_____。

（2）确定定形尺寸　决定平面图形形状的尺寸称为定形尺寸，如圆的直径、圆弧半径、多边形边长和角度的大小等均为定形尺寸。

图1-26中的定形尺寸有 R19、_____、_____等。

（3）确定定位尺寸　决定平面图形中各组成部分与尺寸基准之间相对位置的尺寸称为定位尺寸，如圆心、封闭线框、线段等在平面图形中的位置尺寸。

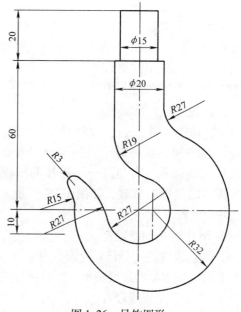

图1-26　吊钩图形

图 1-26 中的定位尺寸有 20、_____、_____ 等。

注意 有的尺寸，既是定形尺寸，又是定位尺寸。

2. 选取绘图比例

为了在图样上直接获得实际机件大小的真实概念，应尽量采用_____：_____ 的比例绘图。如图 1-27b 所示图样比例如果为 1：1，那么图 1-27a 绘图比例为_____；图 1-27c 绘图比例为_____。

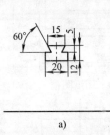

a)

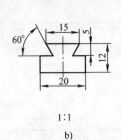

1：1

b)

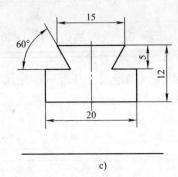

c)

图 1-27　图形比例

本活动的绘图比例为_____。比例与实物大小_____（A. 有关　B. 无关）。

3. 画底稿线

按正确的作图方法绘制底稿线，要求图线细而淡，图形底稿完成后应检查，如发现错误，应及时修改，擦去多余的图线。

（1）画基准线　基准线用_____线绘制，用_____笔绘制。

（2）画已知线段　半径和圆心位置的两个定位尺寸均为已知的圆弧，可根据图中所注尺寸能直接画出，此类线段为已知线段。

图 1-28 中，已知线段有_____、_____、_____、_____ 等。

以上已知线段用_____线绘制。

（3）画中间线段　对于已知半径和圆心的一个定位尺寸的圆弧，需与其一端连接的线段画出后，才能确定其圆心位置，如图 1-29 所示，此类线段为中间线段。

图 1-26 中，中间线段有_____、_____、_____。

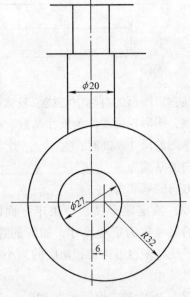

图 1-28　绘制已知线段

（4）画连接线段　只已知半径尺寸，而无圆心的两个定位尺寸的圆弧为连接线段，它需要与其两端相连接的线段画出后，通过作图才能确定其圆心位置。

图 1-28 中，连接线段有_____、_____、_____。

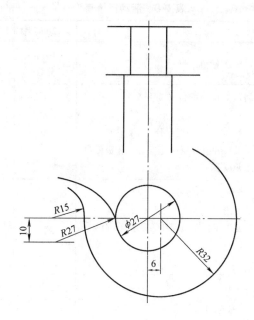

图 1-29 绘制中间线段

4. 描深图线

用铅笔或墨线笔描深线，描绘顺序宜先细后粗、先曲后直、先横后竖、从上到下、从左到右、最后描倾斜线。

描深用_____铅笔，削磨成_____。

5. 修饰并校正全图

略。

注意

绘制图线时的注意事项如图 1-30 所示。

图 1-30 图线画法注意事项

 （表 1-8）

表 1-8　活动评价表

完成日期			工时	120min	总耗时		
任务环节	评 分 标 准			所占分数	考核情况	扣分	得分
用 A4 图纸绘制吊钩	1. 为完成本次活动是否做好课前准备（充分 5 分，一般 3 分，没有准备 0 分） 2. 本次活动完成情况（好 10 分，一般 6 分，不好 3 分） 3. 完成任务是否积极主动，并有收获（是 5 分，积极但没收获 3 分，不积极但有收获 1 分）			20	自我评价： 学生签名		
	1. 准时参加各项任务（5 分）（迟到者扣 2 分） 2. 积极参与本次任务的讨论（10 分） 3. 为本次任务的完成，提出了自己独到性的见解（5 分） 4. 团结、协作性强（5 分） 5. 超时扣 5～10 分			30	小组评价： 组长签名		
	1. 线型使用错误一处扣 1 分 2. 点画线超出或不足，一处扣 1 分 3. 图线错误一处扣 2 分 4. 圆弧连接错误一处扣 3 分 5. 字体书写不认真，一处扣 2 分 6. 漏画、错画一处扣 5 分 7. 图面不干净、不整洁者，扣 2～5 分 8. 超时扣 3 分 9. 违反安全操作规程扣 5～10 分 10. 工作台及场地脏乱扣 5～10 分			50	教师评价： 教师签名		
总　　分							

💡 小提示

只有通过以上评价，才能继续学习哦！

1.3.2　绘制轴的基本三视图

一、正投影法和三视图

1. 正投影法

投射线互相平行且_____（A. 垂直　B. 平行）于投影面的投影法称为正投影法（图 1-31）。

用正投影法绘制出物体的图形称为正投影图或正投影。

2. 三视图

填写图 1-32 中的空格。

3. 三视图的投影关系

三视图（图 1-33）之间的投影关系，可归纳为以下三条投影规律：

1）V 面、H 面（主视图、俯视图）——长对正。

2）V 面、W 面（主视图、左视图）——高平齐。

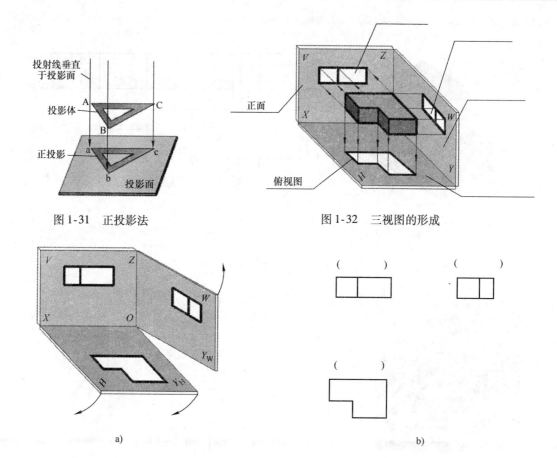

图 1-31　正投影法　　　　　　　　　　图 1-32　三视图的形成

图 1-33　三视图的展开

3）*H* 面、*W* 面（俯视图、左视图）——宽相等。

请在图 1-34b 上填写长、宽、高之间的关系。

4. 三视图与物体方位的对应关系

请在图 1-35b 上，标出物体上下、左右、前后 6 个方位之间的关系。

1）*V* 面（主视图）——反映了形体的_____、_____、_____方位关系。

2）*H* 面（俯视图）——反映了形体的_____、_____方位关系；

3）*W* 面（左视图）——反映了形体的_____、_____位置关系。

5. 正投影法的基本性质

正投影法的基本性质有_____（图 1-36a）、_____（图 1-36b）、_____（图 1-36c）。

二、基本体三视图

1. 棱柱

（1）棱柱的三视图　棱柱的棱线互相_____（A. 平行　B. 垂直）。

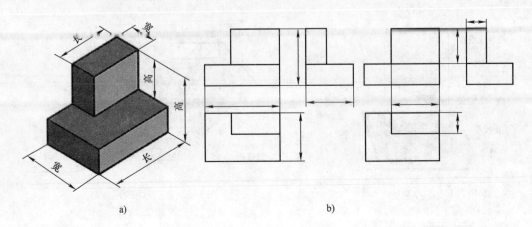

a)   b)

图 1-34　三视图的投影关系

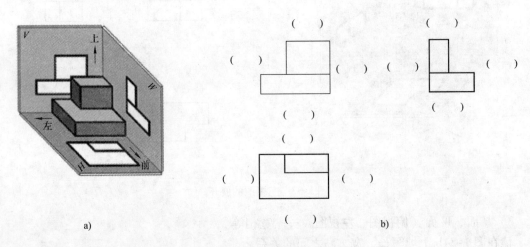

a)   b)

图 1-35　物体与视图的方位关系

a) 轴测图　b) 三视图

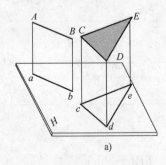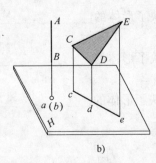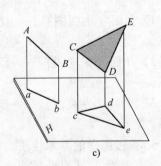

a)   b)   c)

图 1-36　正投影法的基本特性

a) 真实性　b) 积聚性　c) 类似性

常见的棱柱有三棱柱、四棱柱、五棱柱、六棱柱。

请在图1-37中，补画六棱柱的三视图。

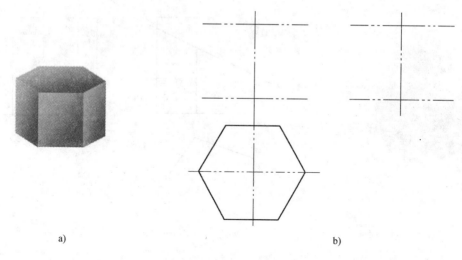

a)　　　　　　　　　　　　　　　　　　b)

图1-37　棱柱的三视图

（2）棱柱表面取点　已知棱柱表面的点 A、B、C 的投影 a'、b'、c，求其他两面投影，在图1-38中画出其他投影图。

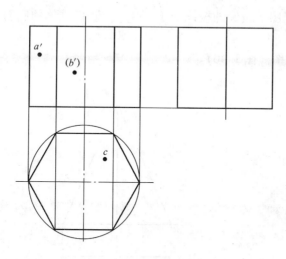

图1-38　棱柱表面取点

（3）棱柱截交线　用平面切割立体，则平面与立体表面的交线称为截交线，该平面称为截平面，因截平面的截切，在物体上形成的平面称为截断面。

截交线的基本特性：

1）截交线为封闭的平面图形。

2）截交线既在截平面上，又在立体表面上，是截平面与立体表面的共有线，截交线上的点均为截平面与立体表面的共有点。

因此，求作截交线就是求截平面与立体表面的共有点和共有线。

请完成正五棱柱被截切后的俯视图和左视图（图 1-39）。

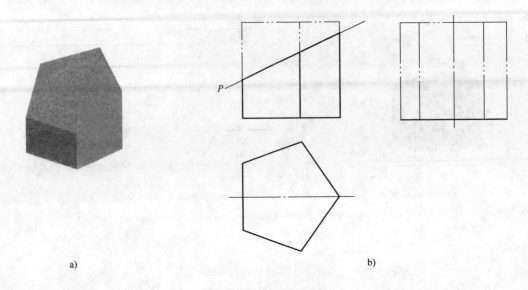

a)　　　　　　　　　　　　　　　　　　　b)

图 1-39　棱柱截交线

2. 棱锥

（1）三棱锥的三视图　棱锥的棱线交于_____。棱锥体的底面为_____形，各侧面均为过锥顶的三角形。

请补画棱锥的左视图（图 1-40）。

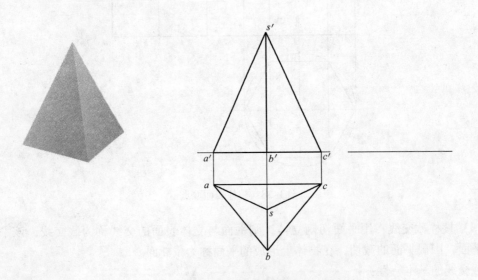

图 1-40　棱锥三视图

（2）三棱锥表面取点　点在特殊位置的平面上，可利用投影的积聚性求解，而在一般位置平面上点的投影，则通过在该面上添加辅助线的方法求解。

已知棱柱表面的点 M、N 的投影 m'、n'，求其他两面投影（用两种方法求解，图 1-41）。

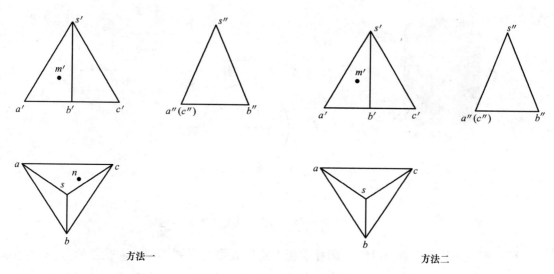

方法一　　　　　　　　　　　　　　　　　　方法二

图 1-41　棱锥表面上点的投影

（3）棱锥截交线　求作四棱锥被截切后的俯视图和左视图（图 1-42）。

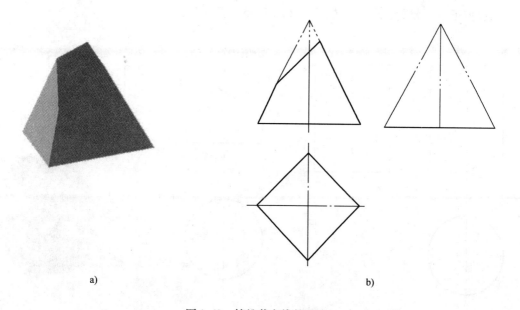

a)　　　　　　　　　　　　　　　　　　b)

图 1-42　棱锥截交线的画法

3. 圆柱

（1）圆柱的三视图　求作图 1-43 所示圆柱的主视图和左视图。

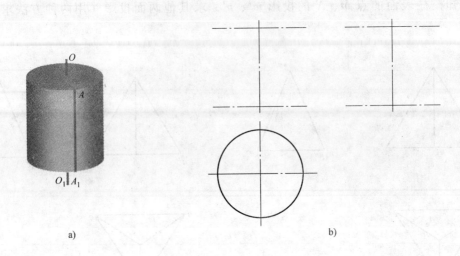

图 1-43　圆柱三视图

（2）圆柱体表面上点的投影　圆柱表面上点的投影，可利用圆柱面投影的_____性来求得。

已知圆柱表面的点 M、N 的投影 m′、n′，求其他两面投影（图 1-44）。

（3）圆柱体的截交线　圆柱截交线形状有_____、_____、_____。

圆柱被正垂面截断，求作其左视图（图 1-45）。

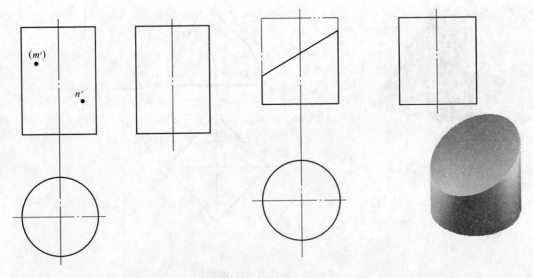

图 1-44　圆柱表面上点的投影

图 1-45　圆柱的截交线

4. 圆锥

（1）圆锥的三视图　求作图 1-46 所示圆锥的三视图。

（2）圆锥表面取点　已知圆锥表面的点 Ⅰ、Ⅱ、Ⅲ 的投影 1′、2′、3，求其他两面投影（用两种方法求解，请在图 1-47 上完成）。

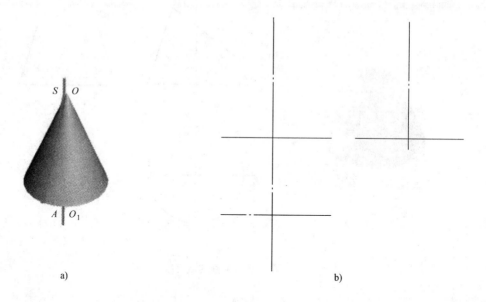

a)　　　　　　　　　　　　　　b)

图 1-46　圆锥三视图

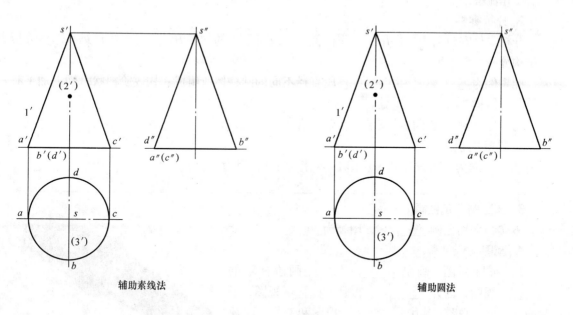

辅助素线法　　　　　　　　　　　　辅助圆法

图 1-47　棱锥表面取点

（3）圆锥的截断　圆锥的截交线的形状为_____、_____、抛物线、双曲线、三角形等五种。

请完成图 1-48b 所示圆锥的三视图。

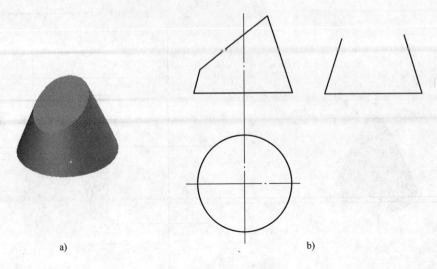

a)　　　　　　b)

图 1-48　圆锥的截交线

👆 **实施活动** 绘制减速器从动轴的三视图

工作流程

1. 分析零件

分析零件在机器中的作用、工作位置，以及所采用的加工方法，并对零件进行形体分析或结构分析。

此零件为_____，由_____段直径不同的圆柱体所组成，构成阶梯状。轴上加工有_____结构，有_____处。

为了便于轴上各零件的安装，在轴端有_____，有_____处，大小为_____。

2. 选择主视图

选择 A 向为主视方向（请在图 1-49 上标出），因为：_____

_____。

3. 选比例，定图幅

本实物采用比例_____，图幅为_____。

4. 画图

1）布置视图，画出_____线。先画阶梯轴的_____视图，因为_____；再画_____视图；最后画_____视图。其中，_____视图和_____视图的投影图相似。

2）画键槽，三个视图应对应画出。应先画_____视图，因为_____；再画_____视图，用_____线绘制，因为_____。

3）画倒角，三个视图对应画出。

4）检查，描深。

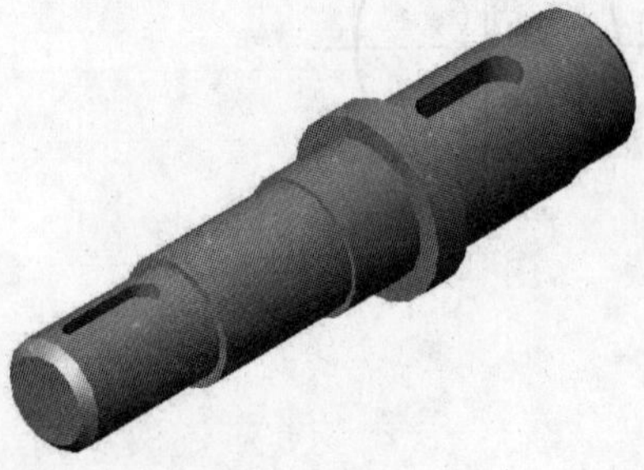

图 1-49　减速器传动轴

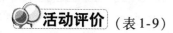 活动评价 （表1-9）

表1-9　活动评价表

完成日期			工时	120min	总耗时		
任务环节	评分标准			所占分数	考核情况	扣分	得分
绘制减速器中从动轴的三视图	1. 为完成本次活动是否做好课前准备（充分5分，一般3分，没有准备0分） 2. 本次活动完成情况（好10分，一般6分，不好3分） 3. 完成任务是否积极主动，并有收获（是5分，积极但没收获3分，不积极但有收获1分）			20	自我评价： 学生签名		
	1. 准时参加各项任务（5分）（迟到者扣2分） 2. 积极参与本次任务的讨论（10分） 3. 为本次任务的完成，提出了自己独到的见解（5分）。 4. 团结、协作性强（5分） 5. 超时扣5～10分			30	小组评价： 组长签名		
	1. 图纸选择不合理扣3分 2. 绘制比例选择不合理扣5分 3. 视图表达不合理或未能完整表达扣10～15分 4. 线型使用错误一处扣1分 5. 中心线超出轮廓线应为3～5mm之间，不足或超出者每处扣1分 6. 图线使用错误一处扣2分 7. 字体书写不认真，一处扣2分 8. 漏画、错画一处扣5分 9. 图面不干净、不整洁者，扣2～5分 10. 超时扣3分 11. 违反安全操作规程扣5～10分 12. 工作台及场地脏乱扣5～10分			50	教师评价： 教师签名		
总　　　分							

小提示

只有通过以上评价，才能继续学习哦！

1.3.3　绘制轴的断面图

一、基本视图

请在图1-50c上填写出各视图的名称。

二、向视图

向视图是一种可以自由配置的视图（图1-51）。

绘制向视图时，应在视图上方标出视图的名称（如"B""C"等），同时在相应的视图附近用箭头指明投影方向，并注上相同的字母。

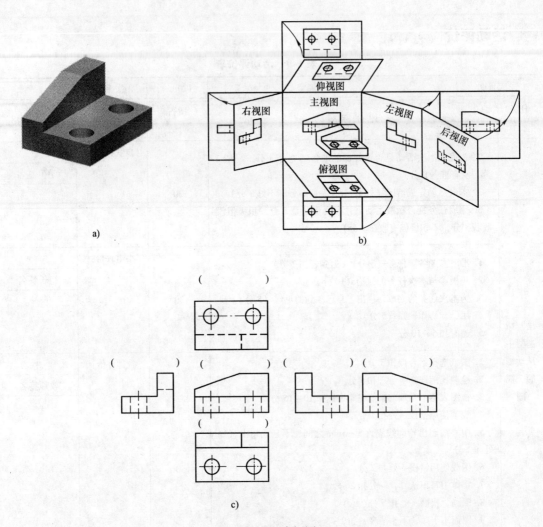

图 1-50　基本视图

a）立体图　b）投影面的展开　c）基本视图的配置

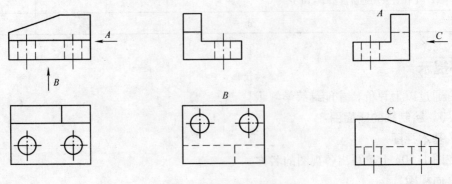

图 1-51　向视图及其标注

三、斜视图

机件向不平行于任何基本投影面的平面投影所得到的视图，称为斜视图（图 1-52）。

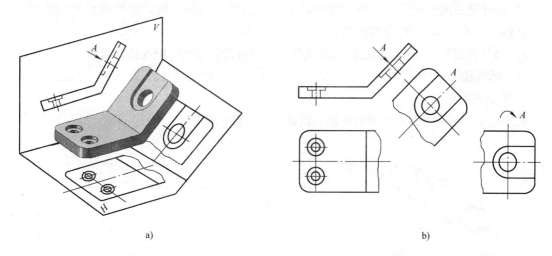

a)　　　　　　　　　　　　　　　b)

图 1-52　斜视图

1）斜视图只适用于表达机件_____部分的实形，其余部分不必画出，其断裂边界处用_____线表示。

2）斜视图通常按向视图形式配置。必须在视图上方标出名称"×"，用箭头指明投影方向，并在箭头旁水平注写相同字母。在不引起误解时，允许将斜视图旋转，但需在斜视图上方注明。

3）斜视图一般按投影关系配置，便于看图。必要时也可配置在其他适当位置。为了便于画图，允许将斜视图旋转摆正画出，旋转后的斜视图上应加注_____符号。

四、局部视图

1. 局部视图的概念

只将机件的某一部分向基本投影面投射所得到的图形称为局部视图（图 1-53）。

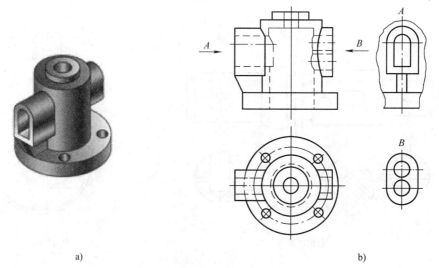

a)　　　　　　　　　　　　　　　b)

图 1-53　局部视图

2. 局部视图的画法及标注

1）用带字母的箭头指明要表达的部位和投影方向，并标注视图名称"×"。

2）局部视图的范围用_____线来表示。当表达的局部结构是完整的且外轮廓封闭时，波浪线（A. 省略   B. 完整画出）。

3）局部视图可按基本视图的配置形式配置，也可按向视图的配置形式配置。

五、断面图

1. 断面图的概念

假想用剖切平面将机件的某处切断，仅画出断面的图形称为_____图（图1-54）。

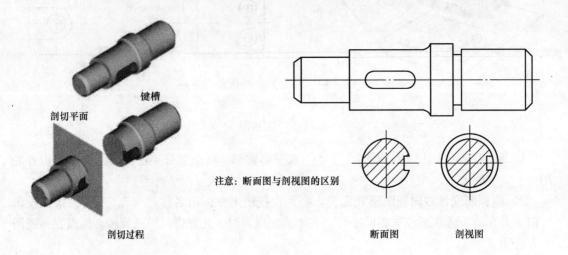

剖切平面

键槽

剖切过程

注意：断面图与剖视图的区别

断面图   剖视图

图 1-54   断面图

2. 断面图的种类

断面图分为_____断面和_____断面两种（图1-55）。

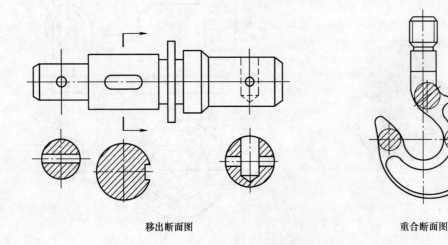

移出断面图   重合断面图

图 1-55   断面图的种类

3. 断面图的画法

（1）移出断面图的画法及标注

1）移出断面图的轮廓线用_____（A. 粗　B. 细）实线画出，断面上画出剖面符号。移出断面应尽量配置在剖切平面的延长线上，必要时也可以画在图样的适当位置。

2）剖切平面通过回转面形成的孔或凹坑的轴线时，应按_____（A. 剖视　B. 断面）画。

3）当剖切平面通过非圆孔，会导致完全分离的两个断面时，这些结构应按_____（A. 剖视　B. 断面）画。

4）由两个或多个相交的剖切平面剖切得出的移出断面，中间一般应断开画（图1-56b）。

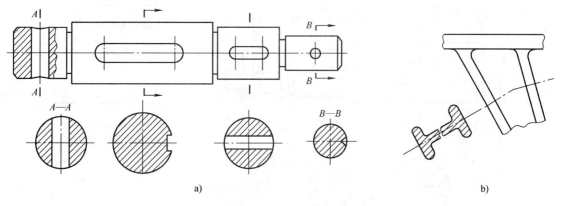

图1-56　移出断面图的画法及标注

（2）重合断面图的画法及标注　重合断面图的轮廓线用_____（A. 粗　B. 细）线绘制，当视图中的轮廓线与重合断面的图形重叠时，视图中的轮廓线仍需完整地画出，不能间断（图1-57）。

重合断面图_____（A. 标注　B. 不标注）。

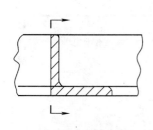
不对称的重合断面图应
标注剖切位置和投影方向

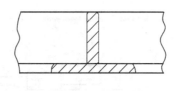
对称的重合断面图省略标注

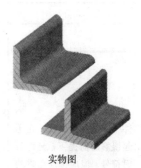
实物图

图1-57　重合断面图

六、局部放大图

当机件上某些局部细小部分结构在视图上表达不够清楚又不便于标注尺寸时，可将该部分结构用大于原图形所采用的比例画出，这种图形称为_____图（图1-58）。

画局部放大图时应注意：

1）局部放大图可以画成视图、剖视图、断面图等形式，与被放大部位的表达形式_____（A. 有关　B. 无关）。图形所用的放大比例应根据结构需要而定，与原图比例_____（A. 有关　B. 无关）。

2）绘制局部放大图时，应在视图上用_____（A. 粗　B. 细）实线圈出被放大部位（螺纹牙型和齿轮的齿形除外），并将局部放大图配置在被放大部位的附近。

3）同一机件上不同部位的局部放大图，当图形相同或对称时，只须画出一个。

4）必要时可用同一个局部放大图表达几处图形结构。

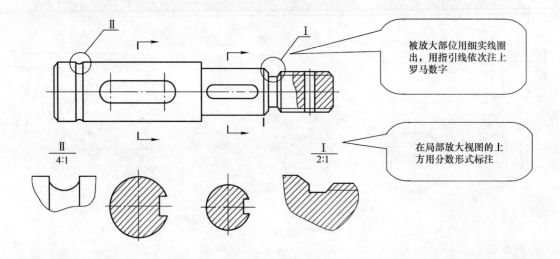

图1-58　局部放大图

七、简化画法（表1-10）

表1-10　简化画法

说　　明	简化画法图例
零件图中的移出断面，在不致引起误解的前提下，允许省略剖面符号，但应按前面讲的移出断面标注方法进行标注	

（续）

说　明	简化画法图例
回转体构成的零件上的平面结构，在图形中不能充分表达时，可用两条＿＿＿＿（A. 相交　B. 平行）的＿＿＿＿（A. 细　B. 粗）实线（平面符号）表示平面	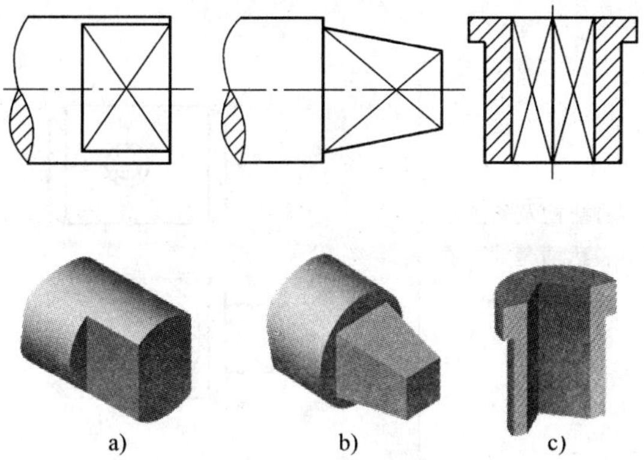 a)　b)　c)
在不致引起误解时，图中的小圆角、45°小倒角或锐边的小倒角可省略不画，但必须注明尺寸或在技术要求中加以说明	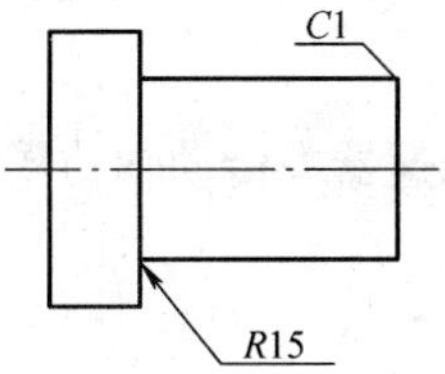 C1　R15
较长的零件（如轴、杆、型材等）沿长度方向的形状一致或按一定规律变化时，断开后＿＿＿＿（A. 缩短　B. 按实长）绘制	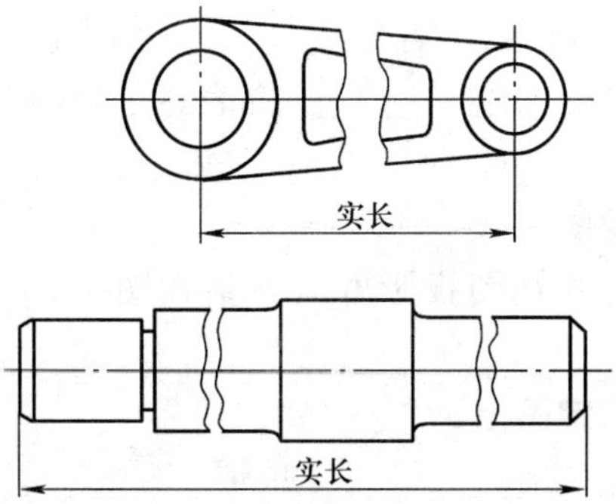 实长　实长
滚花结构一般采用在轮廓线附近用细实线局部画出的方法表示	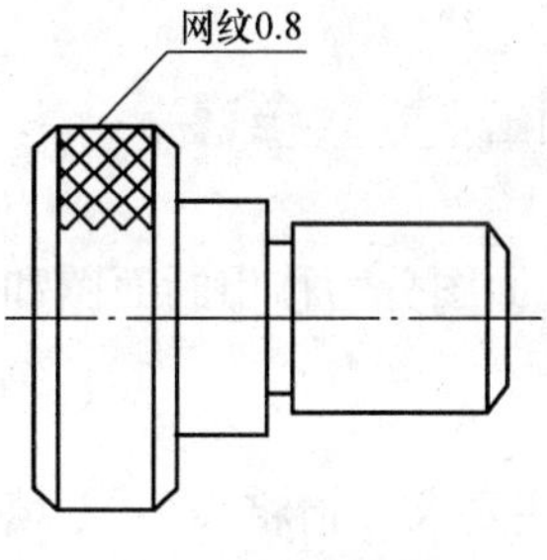 网纹0.8

（续）

说　明	简化画法图例
零件上较小的结构及斜度已在一个图形中表达清楚时，在其他图形上应当简化或省略	

 实施活动 绘制减速器中传动轴的零件图

工作流程

1. 分析零件

零件图可通过一组图形将零件内、外部的形状和结构正确、完整、清晰、合理地表达出来。

表达减速器主轴共需要_____个图形来表达，其中，_____个_____图，_____个_____图。_____图表达了整根轴的外观结构；_____图可以表达键槽的_____。

2. 选择主视图

选择 A 向为主视图投影方向（请在图 1-59 上标注），因为_____。

3. 选比例，定图幅

本实物采用比例_____，图幅为_____。

4. 绘制图样

图纸横放，不留装订边，绘制标题栏（图 1-60）。

图 1-59　传动轴

5. 画图

1）布置视图，画出_____线。

2）画主视图。

3）画断面图，断面图分为移出断面图和重合断面图两种，本图采用_____断面图。

注意

按照断面图的标注要求（请将表 1-11 填写完整）。

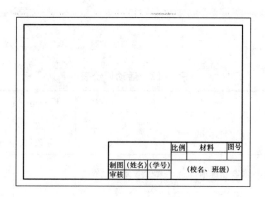

图 1-60　A3 图纸

表 1-11　断面图标注

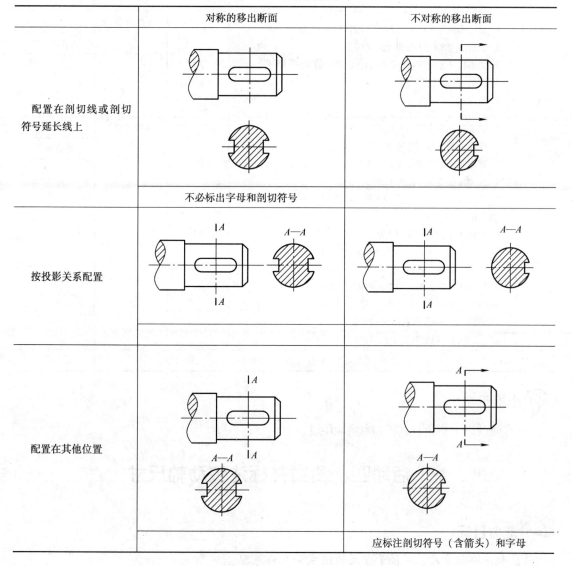

4）检查并描深。

活动评价 （表1-12）

表1-12　活动评价表

完成日期		工时	120min	总耗时		
任务环节	评 分 标 准		所占分数	考核情况	扣分	得分
绘制减速器从动轴的断面图	1. 为完成本次活动是否做好课前准备（充分5分，一般3分，没有准备0分） 2. 本次活动完成情况（好10分，一般6分，不好3分） 3. 完成任务是否积极主动，并有收获（是5分，积极但没收获3分，不积极但有收获1分）		20	自我评价： 学生签名		
	1. 准时参加各项任务（5分）（迟到者扣2分） 2. 积极参与本次任务的讨论（10分） 3. 为本次任务的完成，提出了自己独到的见解（5分） 4. 团结、协作性强（5分） 5. 超时扣5~10分		30	小组评价： 组长签名		
	1. 图纸选择不合理扣3分 2. 绘制比例选择不合理扣5分 3. 视图表达不合理或未能完整表达扣10~15分 4. 线型使用错误一处扣1分 5. 中心线超出轮廓线应为3~5mm之间，不足或超出者每处扣1分 6. 图线使用错误一处扣2分 7. 字体书写不认真，一处扣2分 8. 漏画、错画一处扣5分 9. 图面不干净、不整洁者，扣2~5分 10. 超时扣3分 11. 违反安全操作规程扣5~10分 12. 工作台及场地脏乱扣5~10分		50	教师评价： 教师签名		
总　　分						

小提示

只有通过以上评价，才能继续学习哦！

活动四　测量并标注传动轴尺寸

能力目标

1）叙述游标卡尺、外径千分尺的组成和工作原理。

2）使用游标卡尺、外径千分尺正确测量轴颈尺寸和长度尺寸。

3）运用尺寸的标注方法，为零件图标注尺寸。

4）叙述互换性等基本概念。

5）解释尺寸公差与配合的基本术语及定义。

6）会画公差带图。

7）查阅机械手册，确定并标注零件的尺寸公差。

8）解释有关几何公差的基本概念。

9）陈述几何公差的分类和代号。

10）查阅机械手册，确定并正确标注轴的几何公差。

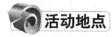 **活动地点**

零件测绘与分析学习工作站。

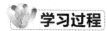 **学习过程**

你要掌握以下资讯，才能顺利完成任务

1.4.1　测量轴的基本尺寸

 **引导问题**

轴的直径如何测量？

（各小组讨论、思考、查找资料）

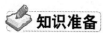 **知识准备**

一、游标卡尺

1. 游标卡尺的组成（图1-61）

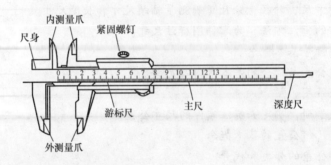

图 1-61　游标卡尺

2. 游标卡尺的使用（图 1-62）

测量工件宽度　　　　　　　　　　测量工件深度

测量工件外径　　　　　　　　　　测量工件内径

图 1-62　游标卡尺的使用方法

3. 游标卡尺的刻度原理

游标卡尺分度值有 0.1mm、0.05mm 和 0.02mm 三种。

如图 1-63 所示，当主尺和游标的卡脚合拢时，主尺上的零线对准游标上的零线，主尺上的每一小格为 1mm，取主尺 49mm 长度在游标上等分为 50 个格，即

$$游标上每格长度 = \frac{49}{50}mm = 0.98mm$$

主、副尺每格之差 = 1mm - 0.98mm = _____ mm

4. 游标卡尺的读数（分度值为 0.02mm 的游标卡尺为例）

第一步：根据游标零线左侧的主尺上的最近刻度读出结果的整数部分。

第二步：根据游标零线以右侧与主尺某一刻线对准的刻线数乘以 0.02mm 读出结果的小数部分。

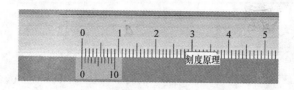

图 1-63　游标卡尺刻度原理

第三步：将上面的整数和小数两部分相加，即得总尺寸。图 1-64 中的读数为

$$36mm + 16 \times 0.02mm = 36.32mm$$

图 1-64　游标卡尺的读数

二、外径千分尺

1. 外径千分尺的组成（图 1-65）

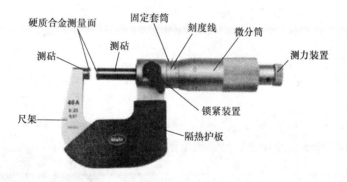

图 1-65　外径千分尺

2. 外径千分尺的刻线原理

如图 1-66 所示，当微分筒（又称可动刻度筒）旋转一周时，测微螺杆前进或后退一个螺距——0.5mm。这样，当微分筒旋转一个分度后，它转过了 1/50 周，这时螺杆沿轴线移动了 $1/50 \times 0.5mm = \underline{\qquad}$ mm，因此，使用千分尺可以准确读出 0.01mm 的数值。

3. 外径千分尺的读数

第一步：读出固定套筒上露出刻线的毫米数和半毫米数。

第二步：读出活动套筒上小于 0.5mm 的小数部分。

第三步：将上面两部分读数相加即为总尺寸。

图 1-66 中的读数为

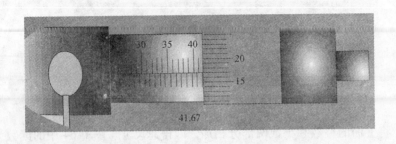

图1-66   外径千分尺的刻线原理及读数示例

$$41.5\text{mm} + 17 \times 0.01\text{mm} = 41.67\text{mm}$$

 实施活动 测量减速器中从动轴的基本尺寸

1. 根据图样要求选择适当的测量器具

测量器具的选择主要取决于被测工件的精度要求、尺寸大小、结构形状和被测表面的位置，同时也要考虑工件批量等因素。

1）测量对象是_____。

2）支承轴颈（轴与轴承内圈的配合面）精度要求较高，选择_____作为量具；其他非重要轴颈或长度选择_____作为_____量具。

A. 游标卡尺　　　　B. 外径千分尺　　　　C. 钢直尺

2. 测量

（1）利用外径千分尺测量支承轴颈的直径

1）根据零件尺寸大小等，选择合适规格的千分尺_____。千分尺按测量范围分有以下规格：

A. 0 – 50　　　　B. 50 – 75　　　　C. 75 – 100　　　　D. 100 – 125

2）擦干净零件被测表面和千分尺的测量面。

注意

千分尺是一种精密的量具，使用时应小心谨慎，动作轻缓，不要让它受到打击和碰撞。

3）校对外径千分尺的_____（A. 零位　B. 位置）是否对齐。

4）测量外圆（图1-67），应在圆柱体不同截面、不同方向测量_____点，记下读数。

图1-67   外径千分尺测量外圆

5）将这些数据取平均值，将其标在绘出的减速器传动轴的零件图相应的尺寸线上。

6）千分尺用毕后，应用纱布擦干净，在测砧与螺杆之间留出一点空隙，放入盒中。如长期不用可抹上润滑脂或机油，放置在干燥的地方。

注意

1）微分筒和测力装置在转动时不能过分用力。

2）当转动微分筒带动活动测头接近被测工件时，一定要改用_____（A. 测力装置 B. 微分筒）旋转接触被测工件，不能直接旋转_____（A. 微分筒 B. 测力装置）测量工件（图1-68）。

3）当测量螺杆快要接触工件时，必须使用其端部棘轮（此时严禁使用活动套筒，以防用力测量不准），当棘轮发出"嘎嘎"打滑声时，表示压力合适，停止拧动，即可读数。

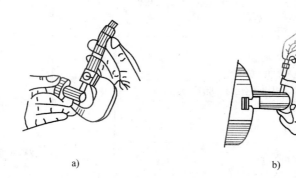

a)   b)

图1-68 外径千分尺测量

（2）利用游标卡尺测量轴的总长度及各阶梯的轴径的大小

1）使用前先擦净卡脚，然后合拢两卡脚使之贴合，检查主、副尺零线是否对齐。若未对齐，应在测量后根据原始误差修正读数。

2）测量（图1-69）。

3）将所测数据标在绘出的减速器传动轴的零件图相应的尺寸线上。

4）游标卡尺使用完毕后擦拭干净，放入盒内。

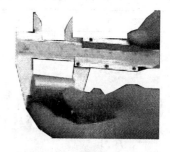

图1-69 游标卡尺测量

 注意

1）读数方法要正确，读数时，卡尺应朝着光亮的方向，使视线尽可能_____（A. 垂直 B. 平行）于尺面，否则测量不准确。

2）当卡脚与被测工件接触后，用力不能过大，以免卡脚变形或磨损，降低测量的准确度。

3）不得用卡尺测量毛坯表面。

（3）利用钢直尺测量各阶梯的长度 将所测数据，标在绘出的减速器传动轴的零件图相应的尺寸线上。

活动评价（表1-13）

表1-13　活动评价表

完成日期		工时	120min	总耗时		
任务环节	评分标准		所占分数	考核情况	扣分	得分
测量减速器中从动轴的基本尺寸	1. 为完成本次活动是否做好课前准备（充分5分，一般3分，没有准备0分） 2. 本次活动完成情况（好10分，一般6分，不好3分） 3. 完成任务是否积极主动，并有收获（是5分，积极但没收获3分，不积极但有收获1分）		20	自我评价： 学生签名		
	1. 准时参加各项任务（5分）（迟到者扣2分） 2. 积极参与本次任务的讨论（10分） 3. 为本次任务的完成，提出了自己独到的见解（5分） 4. 团结、协作性强（5分） 5. 超时扣5~10分		30	小组评价： 组长签名		
	1. 测量器具选错一次扣5分 2. 测量器具使用错误一次扣5分 3. 测量步骤错一处扣3分 4. 数据处理错一处扣3分 5. 违反安全操作规程扣5~10分 6. 工作台及场地脏乱扣5~10分		50	教师评价： 教师签名		
总　　分						

小提示

只有通过以上评价，才能继续学习哦！

1.4.2　标注轴的基本尺寸

一、尺寸

图形只能反映物体的_____，物体的真实大小要靠_____来决定。

1. 标注尺寸的基本规则

1）机件的真实大小应以图样上所注的尺寸数值为依据，与图形的大小及绘图的准确度_____关。

2）图样中的尺寸以_____为单位时，不必标注计量单位的符号或名称。

2. 标注尺寸的要素（图1-70）

标注尺寸的要素为尺寸线、尺寸界线、_____。

二、尺寸数字、尺寸线和尺寸界线

1. 尺寸界线

尺寸界线（图1-71）用来限定尺寸度量的范围。

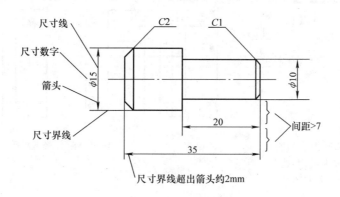

图 1-70　标注尺寸的要素图

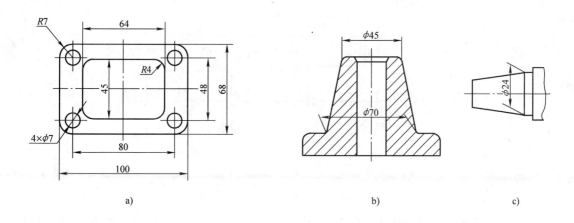

图 1-71　尺寸界线

1）尺寸界线用_____线绘制，由图形的轮廓线、轴线或对称中心线引出。也可利用轮廓线、轴线或对称中心线作为尺寸界线（图 1-71a）。

2）尺寸界线一般应与尺寸线垂直并略超过尺寸线（通常以 2mm 为宜）。必要时才允许_____（图 1-71b）。

3）在光滑过渡处标注尺寸时，必须用_____线将轮廓线延长（图 1-71c）。

2. 尺寸线

尺寸线用来表示所注尺寸的度量方向。

1）尺寸线用细实线绘制，其终端有_____和_____两种形式（图 1-72）。

2）当采用箭头终端形式，遇到位置不够画出箭头时，允许用_____或_____代替箭头（图 1-73）。

3. 尺寸数字

（1）线性尺寸的数字

1）水平方向的尺寸，一般应注写在尺寸线的_____（A. 上　B. 下）方，数字字头朝_____（A. 上　B. 下），如图 1-74 所示。

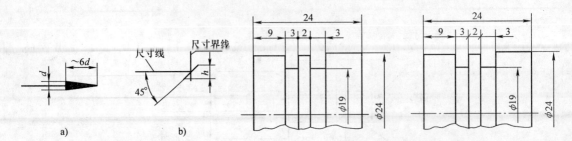

图 1-72 尺寸线的两种终端形式
　a）箭头终端画法（d 为粗实线线宽）
　b）斜线终端画法（h 为字高）

图 1-73 箭头终端形式

2）垂直方向的尺寸，一般应注写在尺寸线的_____（A. 左 B. 右）方，数字字头朝_____（A. 左 B. 右），如图 1-74 所示。

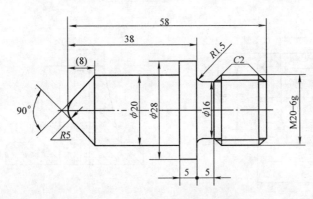

图 1-74 线性尺寸数字的注写

3）倾斜方向的尺寸应在尺寸线靠_____（A. 上 B. 下）的一方，但应尽量避免在_____°范围内标注尺寸，如图 1-75a 所示；数字字头应有朝_____（A. 上 B. 下）的趋势，如图 1-75b 的形式标注。

（2）角度数字

1）角度的数字一律写成_____（A. 水平 B. 垂直）方向，即数字垂直向上。

2）角度的数字可注写在尺寸线的中断处，必要时也可注写在尺寸线的附近或注写在引出线的上方（图 1-76）。

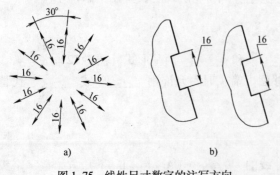

图 1-75 线性尺寸数字的注写方向

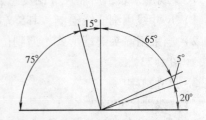

图 1-76 角度尺寸数字的注法

（3）尺寸数字的书写

1）尺寸数字要符合书写规定，且要书写准确、清楚。

2）任何图线都不得穿过尺寸数字。当不可避免时，应将图线断开，以保证尺寸数字清晰。

三、常用尺寸的标注

请在图 1-77 所示的错误标注上写出错误原因。

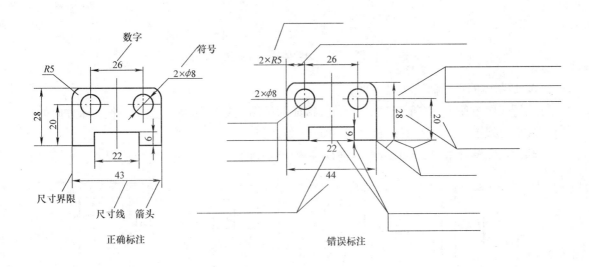

正确标注　　　　　　　　　　　　　错误标注

图 1-77　尺寸标注

四、基本体的尺寸标注

1. 平面体的尺寸标注

平面体一般应标注长、宽、高三个方向的尺寸（图 1-78）。

底面为正多边形的棱柱和棱锥，其底面尺寸一般标注_____（A. 外接圆直径　B. 长度）。

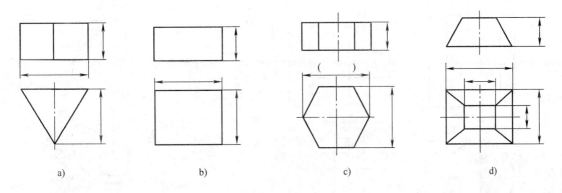

a)　　　　　　　b)　　　　　　　c)　　　　　　　d)

图 1-78　平面体的尺寸注法

2. 回转体的尺寸标注

通常将尺寸注在_____视图上，只需一个视图即可确定回转体的形状和大小（图 1-79）。

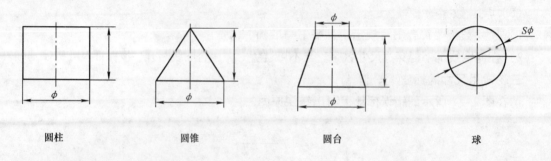

圆柱 圆锥 圆台 球

图 1-79 回转体的尺寸注法

3. 切割体的尺寸标注（图 1-80）

为了读图方便，常在能反映柱体形状特征的视图上集中标注_____个坐标方向的尺寸。在截交线上_____（A. 能 B. 不能）标注尺寸。

除注出完整基本体大小尺寸外，还应注出槽和孔的_____及_____尺寸。

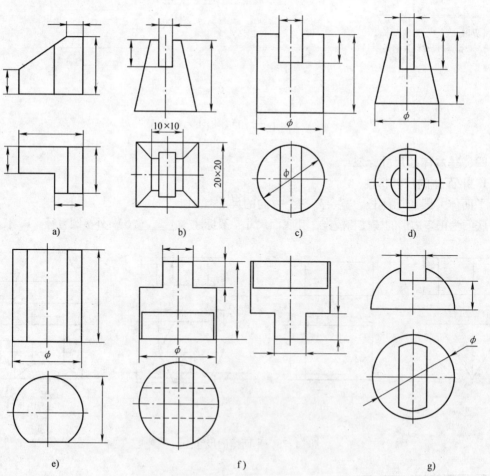

a)   b)   c)   d)

e)   f)   g)

图 1-80 切割体的尺寸标注

五、零件图的尺寸标注

1. 基本要求

正确——要符合国家标准的有关规定。

完整——标注制造零件所需要的全部尺寸，不遗漏、不重复。

清晰——尺寸布置要整齐、清晰，便于阅读。

合理——尺寸符合设计要求，又满足工艺要求，便于零件的加工、测量和检验。

2. 尺寸基准的选定

零件是一个空间形体，有_____、_____、_____三个方向的尺寸，每个方向至少要有一个基准（图1-81）。

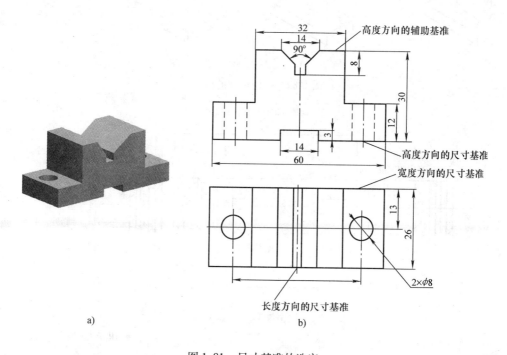

a)　　　　　　　b)

图1-81　尺寸基准的选定

通常以零件的上_____（A. 较大　B. 较小）的加工面、两零件的结合面、零件的对称平面、重要端面和轴肩作为尺寸基准。

3. 尺寸分类

定形尺寸：确定组合体中各基本几何体形状和大小的尺寸。

定位尺寸：确定组合体中各基本几何体之间相对位置的尺寸（图1-82）。

总体尺寸：确定组合体总长、总宽、总高的外形尺寸，有时兼为定形尺寸或定位尺寸的最大尺寸。

4. 零件图尺寸标注分析的范例

分析如图1-83所示的轴类零件的尺寸标注

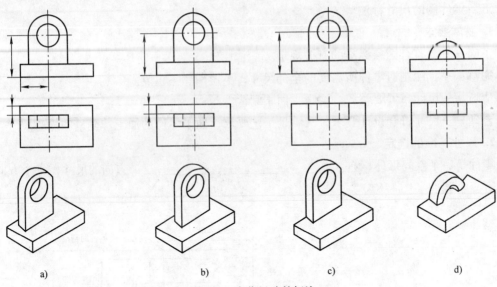

图 1-82 定位尺寸的标注

键槽等定位尺寸注在上边

各段长度尺寸注在下边

图 1-83 轴类零件尺寸标注分析图

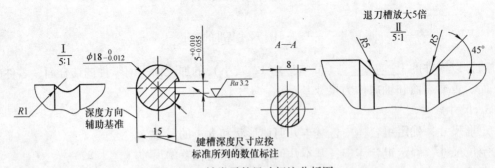

实施活动 测量减速器中从动轴的基本尺寸

工作流程：

1. 分析零件，选择尺寸基准

通常以零件的底面、端面、对称平面和轴线作为尺寸基准。如图 1-84 所示零件为圆柱体，宽度和高度方向的基准合为径向基准。

其径向设计基准和工艺基准为_____。

为保证两齿轮正确啮合，选长为度方向尺寸基准为_____。

移出断面图的尺寸基准为_____。

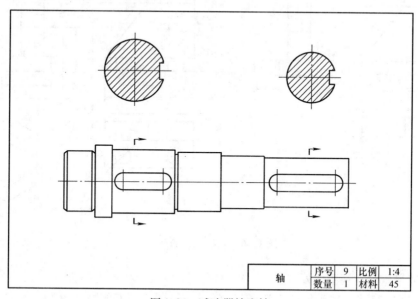

| 轴 | 序号 | 9 | 比例 | 1:4 |
| | 数量 | 1 | 材料 | 45 |

图 1-84　减速器输出轴

2. 标注出各部分的功能尺寸

（1）标注每个形体的定形尺寸　定形尺寸尽量在反映形体特征明显的视图上。
请分析图 1-85 中，哪种标注更清晰（好的打"√"，不好的打"×"）。

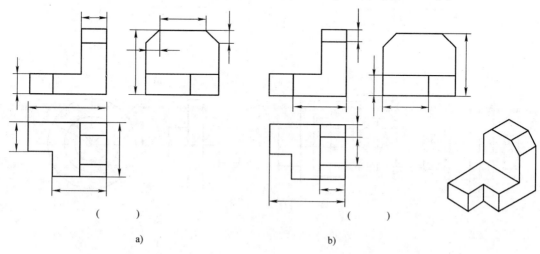

（　　）　　　　　　　　　　　　　　（　　）

a)　　　　　　　　　　　　　　　　b)

图 1-85　定形尺寸的标注

圆柱体的定形尺寸有_____个，键的定形尺寸有_____个。

标出图 1-84 所示零件的定形尺寸线。

（2）标注每个形体的定位尺寸

1）定位尺寸尽量注在反映位置特征明显的视图上，并尽量与定形尺寸集中在一起。

请分析图1-86中，哪种标注更清晰（好的打"√"，不好的打"×"）。

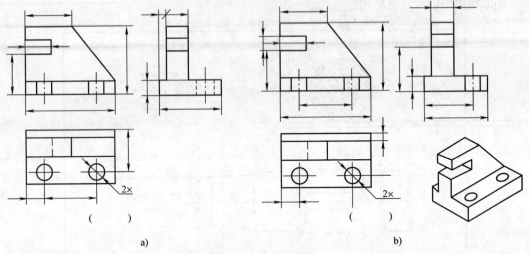

a)　　　　　　　　　　　　　　　　　b)

图1-86　定位尺寸的标注

2）尺寸尽量注在视图之外。

请分析图1-87中，哪种标注更清晰（好的打"√"，不好的打"×"）。

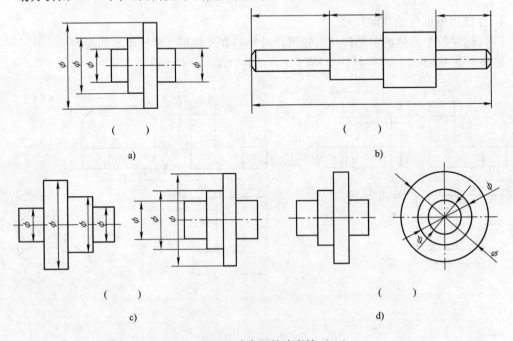

图1-87　尺寸布置的清晰性（一）

3）同轴的圆柱、圆锥的径向尺寸，一般注在非圆视图上，圆弧半径应标注在投影为圆弧的视图上。请分析图1-88中，哪种标注更清晰（好的打"√"，不好的打"×"）。

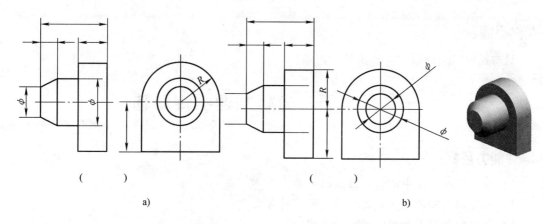

$$
\begin{array}{cc}
(\quad) & (\quad) \\
a) & b)
\end{array}
$$

图 1-88　尺寸布置的清晰性（二）

（3）标出图 1-84 中零件的定位尺寸线　过程略。

3. 检查、调整

过程略。

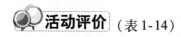活动评价 （表 1-14）

表 1-14　活动评价表

完成日期			工时	120min	总耗时		
任务环节	评 分 标 准			所占分数	考核情况	扣分	得分
标注减速器中从动轴的基本尺寸	1. 为完成本次活动是否做好课前准备（充分 5 分，一般 3 分，没有准备 0 分） 2. 本次活动完成情况（好 10 分，一般 6 分，不好 3 分） 3. 完成任务是否积极主动，并有收获（是 5 分，积极但没收获 3 分，不积极但有收获 1 分）			20	自我评价： 学生签名		
	1. 准时参加各项任务（5 分）（迟到者扣 2 分） 2. 积极参与本次任务的讨论（10 分） 3. 为本次任务的完成，提出了自己独到的见解（5 分） 4. 团结、协作性强（5 分） 5. 超时扣 5~10 分			30	小组评价： 组长签名		
	1. 尺寸标注不合理，一处扣 2 分 2. 漏标、多标，一处扣 2 分 3. 标注不规范（尺寸数字、尺寸界线、尺寸线、箭头其中之一不规范），一处扣 1 分 4. 图纸不整洁扣 3~5 分 5. 违反安全操作规程扣 5~10 分 6. 工作台及场地脏乱扣 5~10 分			50	教师评价： 教师签名		
总　　分							

小提示

只有通过以上评价，才能继续学习哦！

活动五　分析减速器传动轴

能力目标

1）叙述轴在机器中的作用及轴的种类。
2）叙述轴上零件轴向固定和周向固定的常用方法。
3）区分轴向固定和周向固定的异同。
4）叙述金属的性能、金属的结构与结晶的基本概念。
5）叙述铁碳合金相图中，主要特性点和线的含义。
6）解释碳素钢和铸铁的牌号及用途，正确选择轴类零件的材料。
7）叙述钢在加热和冷却时的性能变化。
8）区别钢的退火、正火、淬火和回火的目的和适用范围。
9）能制订减速器轴的热处理工艺方案。

活动地点

零件测绘与分析学习工作站。

学习过程

你要掌握以下资讯，才能顺利完成任务

1.5.1　分析轴的作用、种类和结构
一、轴的作用及种类
1. 轴的作用
传动零件必须被支承起来才能进行工作，支承传动件的零件称为_____，如图1-89 所示。

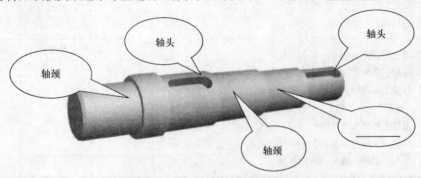

图1-89　直轴

　　轴上用于装配轴承的部分称为轴颈，装配回转零件（如带轮、齿轮）的部分称为轴头，连接轴头与轴颈的部分称为轴身，轴上截面尺寸变化的部分称为轴肩或轴环。

　　轴是组成机器的重要零件之一，轴的主要功用是支承回转零件（如齿轮、带轮等）、传递运动和动力。

2. 轴的种类

（1）按轴线的形状分　轴分为直轴（图1-89）、曲轴（图1-90）和挠性钢丝轴（图1-91）。

曲轴常用于将主动件的回转运动转变为从动件的直线往复运动或将主动件的直线往复运动转变为从动件的回转运动

图1-90　曲轴

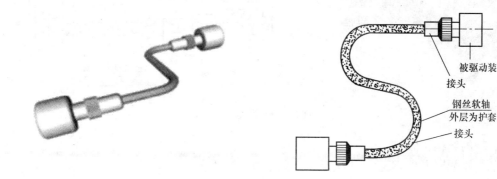

被驱动装置

接头

钢丝软轴
外层为护套

接头

图1-91　挠性钢丝轴

（2）按轴的作用分：

1）心轴在工作时起支承作用，只承受_____（A. 弯矩　B. 转矩），而不传递动力。如图1-92所示，自行车的前轮轴（固定心轴）、铁路机车轮轴（旋转心轴）均为心轴。

心轴

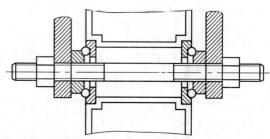

图1-92　心轴

2）传动轴主要用于传递动力，只承受_____（A. 弯矩　B. 转矩），而不承受_____（A. 弯矩　B. 转矩），或承受弯矩很小的轴。如图1-93所示，汽车中连接变速器与后桥之间的轴为传动轴。

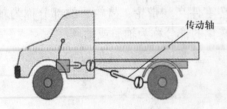

图 1-93　传动轴

3）转轴是机器中最常见的轴，通常简称为轴。工作时既承受 _____ 又承受 _____，既起支承作用又起传递动力作用。图 1-94 所示的减速器轴为转轴。

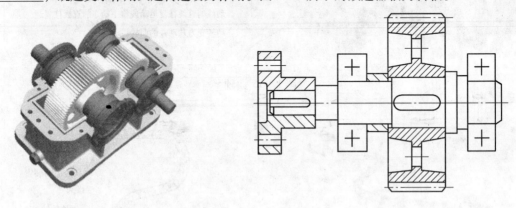

图 1-94　转轴

二、轴的结构和形状

轴的结构如图 1-95 所示，应满足以下三个方面的要求：

1）轴上零件要有可靠的周向固定和轴向固定。

2）轴应便于加工，尽量避免或减小应力集中。

3）便于轴上零件的安装与拆卸。

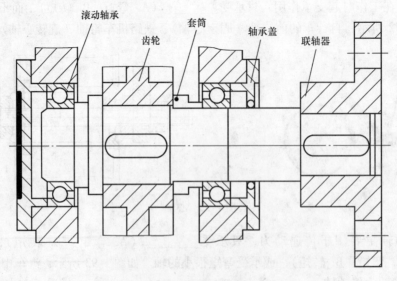

图 1-95　轴的结构

三、零件在轴上的固定

1. 轴上零件的轴向固定

轴上零件轴向固定的目的是保证零件在轴上有确定的轴向位置，防止零件作轴向移动，并能承受轴向力，具体的固定方法及应用见表1-15。

表 1-15　轴上零件的轴向固定方法及应用

类型	固定方法及简图	结构特点及应用
圆螺母		固定可靠、装拆方便，可承受较大的轴向力，能调整轴上零件之间的间隙。为防止松脱，必须加止动垫圈或使用双螺母。由于在轴上切制了螺纹，使轴的强度降低。常用于轴上零件距离较大处及轴端零件的固定
轴肩与轴环		应使轴肩、轴环的过渡圆角半径 r 小于轴上零件孔端的圆角半径 R 或倒角 C，这样才能使轴上零件的端面紧靠定位。此方法结构简单、定位可靠，能承受较大的轴向力，广泛应用于各种轴上零件的定位
套筒		结构简单，定位可靠，常用于轴上零件间距离较短的场合，当轴的转速很高时不宜采用
轴端挡圈		工作可靠、结构简单，可承受剧烈振动和冲击载荷。此方法应用广泛，适用于固定轴端零件
紧定螺钉		结构简单，同时起周向固定的作用，但承载能力较低，不适用于高速场合

（续）

类型	固定方法及简图	结构特点及应用
轴端压板	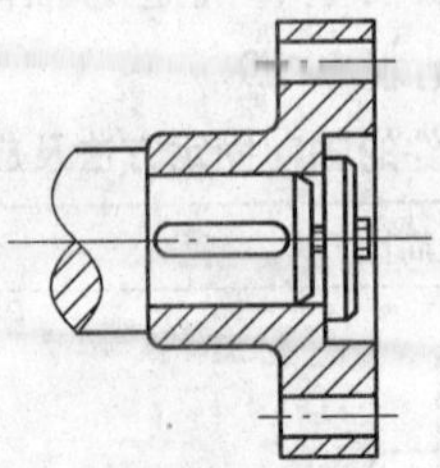	结构简单，适用于心轴上零件的固定和轴端固定
弹性挡圈	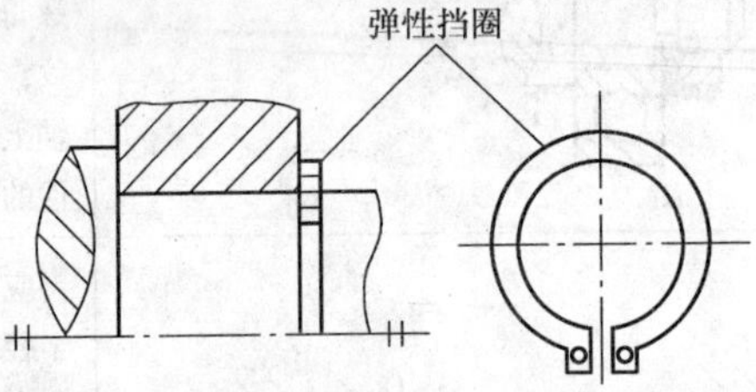 弹性挡圈	结构简单紧凑，装拆方便，只能承受很小的轴向力。此方法需要在轴上切槽，这将引起应力集中，常用于滚动轴承的固定

2. 轴上零件的周向固定

轴上零件周向固定的目的是保证轴可靠地传递运动和转矩，防止轴上零件与轴产生相对_____（A. 转动   B. 直线运动），具体的固定方法及应用见表1-16。

表1-16   轴上零件的周向固定方法及应用

类型	固定方法及简图	结构特点及应用
平键连接	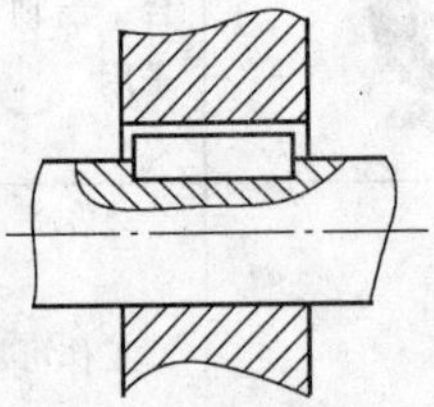 	加工容易、装拆方便、但轴向不能固定，不能承受轴向力
花键连接		具有接触面积大、承载能力强、对中性和导向性好，适用于载荷较大、定心要求高的静、动连接。加工工艺较复杂，成本较高
销钉连接	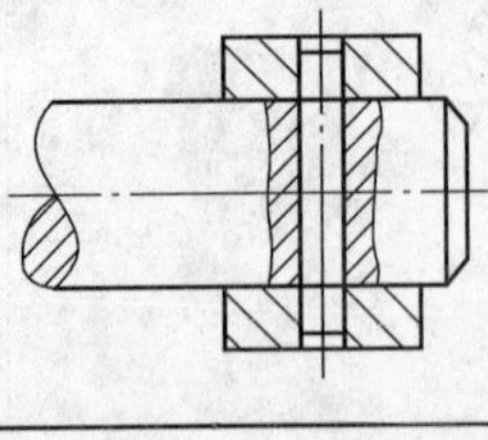	轴向、周向都可以固定，常用做安全装置，过载时销钉可被剪断，防止损坏其他零件，不能承受较大载荷，对轴强度有削弱

四、轴的加工和装配工艺性

为了加工和装配的方便，轴上常有如图 1-96 所示的结构。

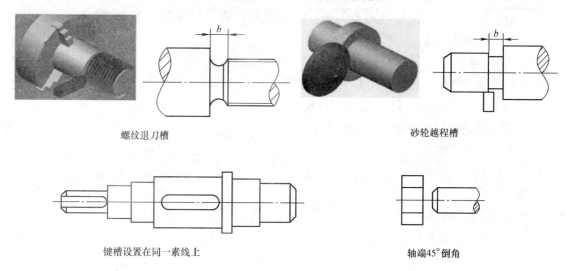

螺纹退刀槽　　　　　　　　　　　砂轮越程槽

键槽设置在同一素线上　　　　　　　轴端45°倒角

图 1-96　轴的加工和装配工艺

 实施活动 分析轴的种类、作用和结构

工作流程

1. 准备螺钉旋具，活扳手

螺钉旋具用于拆装螺钉，主要有一字螺钉旋具和十字螺钉旋具（请判断图 1-97 所示螺钉旋具的类型）

扳手用于拆装螺母，分为呆扳手和活扳手（判断图 1-98 所示扳手的类型）。

a)　　　　　　　b)　　　　　　　　　　a)　　　　　　　b)

图 1-97　螺钉旋具类型　　　　　　图 1-98　扳手类型

观察你所用的螺钉旋具和扳手，请选择：

螺钉旋具为_____（A. 一字螺钉旋具　B. 十字螺钉旋具）。

扳手为_____（A. 呆扳手　B. 活扳手）。

2. 按照由外至内的顺序拆开减速器箱盖，取出减速器中的轴

根据分析，请选择：

按轴线的形状，所拆轴为_____（A. 直轴　B. 曲轴）。

轴在此处的作用为_____（A. 支承　B. 传递转矩　C. 运动）。

按轴的作用，所拆轴为_____（A. 心轴　B. 传动轴　C. 转轴）。

3. 观察所拆轴的结构，指出该轴的轴颈和轴头的位置

该轴上有_____（A. 螺纹退刀槽　B. 砂轮越程槽　C. 倒角　D. 键槽）。

这种结构的作用是_____。

高速轴上有_____（A. 一个键槽　B. 两个键槽）。

它们的位置处于_____（A. 同一素线上　B. 不同素线上）。

原因是_____（A. 便于加工　B. 便于安装）。

4. 观察所拆轴的轴上零件所处的位置

高速轴上的零件有_____。

低速轴上的零件有_____。

轴上所采用的周向固定的方法有_____。

周向固定的目的是_____。

轴上所采用的轴向固定的方法有_____。

轴向固定的目的是_____。

活动评价（表1-17）

表1-17　活动评价表

完成日期		工时	120 min	总耗时		
任务环节	评 分 标 准		所占分数	考 核情 况	扣分	得分
分析减速器中从动轴的结构	1. 为完成本次活动是否做好课前准备（充分5分，一般3分，没有准备0分） 2. 本次活动完成情况（好10分，一般6分，不好3分） 3. 完成任务是否积极主动，并有收获（是5分，积极但没收获3分，不积极但有收获1分）		20	自我评价：	学生签名	
	1. 准时参加各项任务（5分）（迟到者扣2分） 2. 积极参与本次任务的讨论（10分） 3. 为本次任务的完成，提出了自己独到的见解（5分） 4. 团结、协作性强（5分） 5. 超时扣5～10分		30	小组评价：	组长签名	
	1. 轴的种类选择错误扣5分 2. 轴的作用选择错误扣5分 3. 轴的结构每选错一处扣3分 4. 轴上零件的固定方法每错一处扣3分 5. 违反安全操作规程扣5～10分 6. 工作台及场地脏乱扣5～10分		50	教师评价：	教师签名	
总　　分						

小提示

只有通过以上评价，才能继续学习哦！

1.5.2 确定并标注轴的尺寸公差

 引导问题

零件手柄的标注如图 1-99 所示。

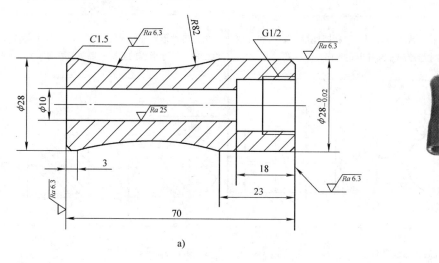

a) b)

图 1-99 零件手柄

 **小组讨论**

$\phi 28$ 与 $\phi 28_{-0.02}^{0}$ 的含义有什么不同？

 **小提示**

信息采集源：1)《公差与配合》

　　　　　　2)《机械设计手册》

　　　　　　其他：_____

一、零件的互换性

同一规格的一批零、部件中，不需做任何挑选、调整或修配，就能进行装配，并能满足机械产品使用性能要求，称为互换性。

二、孔和轴

孔和轴的比较见表1-18。

表1-18　孔和轴的比较

分类	孔	轴
概念	工件各种形状的内表面，包括圆柱形内表面和其他由单一尺寸形成的非圆柱形包容面	工件各种形状的外表面，包括圆柱形外表面和其他由单一尺寸形成的非圆柱形被包容面
举例		
特点	① 装配后孔是包容面 ② 加工过程中，零件实体材料变小，而孔的尺寸由小变大	① 装配后轴是被包容面 ② 加工过程中，零件实体材料变少，而孔的尺寸由大变小

引导问题的手柄（图1-99a）中，哪些是孔？哪些是轴？

孔尺寸有＿＿＿＿＿＿＿＿＿＿＿＿＿＿＿轴尺寸有＿＿＿＿＿＿＿＿＿＿＿＿＿＿＿＿。

三、尺寸、偏差及公差的术语

1. 尺寸

尺寸指用特定单位表示线性尺寸值的数值。

引导问题的手柄（图1-99a）中，哪些是尺寸？如＿＿＿＿＿＿＿＿＿＿＿＿＿＿＿＿。

"$\phi 28_{-0.02}^{0}$"是尺寸吗？＿＿＿＿＿＿＿＿＿＿＿＿＿＿＿＿＿＿＿。

2. 公称尺寸（D、d）

公称尺寸是由图样规范确定的理想形状要素的尺寸，孔的公称尺寸用D表示，轴的公称尺寸用d表示。如图1-99a所示，"$\phi 28_{-0.02}^{0}$"是＿＿＿＿＿＿（A. 孔　B. 轴）的尺寸，公称尺寸＿＿＿＿＿＿（A. D　B. d）=＿＿＿＿＿＿。

3. 实际（组成）要素（D_a、d_a）

实际（组成）要素为由接近实际（组成）要素所限定的工件实际表面的组成要素部分。由于存在测量误差，所以实际（组成）要素＿＿＿＿＿＿（A. 不是　B. 是）尺寸的真实值。

4. 尺寸偏差

尺寸偏差（简称偏差）指某一实际尺寸减去公称尺寸所得的代数差（表1-19）。

表 1-19　尺寸偏差分类及公式

尺寸偏差分类		孔代号	计算公式	轴代号	计算公式
实际偏差		E_a	$E_a = D_a - D$	e_a	$e_a = d_a - d$
极限偏差	上极限偏差	ES	$ES = D_{max} - D$	es	$es = d_{max} - d$
	下极限偏差	EI	$EI = D_{min} - d$	ei	$ei = d_{min} - d$

例如，尺寸"$\phi 28_{-0.02}^{0}$"的上极限偏差为 es = _____，下极限偏差为 ei = _____。

尺寸偏差的特点：

1）偏差可正可负，也可为零。

2）上偏差 > 下偏差。

想一想

"上偏差 = 下偏差"此式成立吗？为什么？

结论（小组讨论）：_____。

孔合格条件：$EI \leqslant E_a \leqslant ES$。

轴合格条件：_____。

5. 极限尺寸

极限尺寸是指尺寸要素允许的尺寸的两个极端值（表 1-20）。

表 1-20　极限尺寸分类及公式

极限尺寸分类	概念	孔代号	计算公式	轴代号	计算公式
上极限尺寸	两个极端值中较大的一个	D_{max}	$D_{max} = D + ES$	d_{max}	$d_{max} = d + es$
下极限尺寸	两个极端值中较小的一个	D_{min}	$D_{min} = D + EI$	d_{min}	$d_{min} = d + ei$

例如，尺寸"$\phi 28_{-0.02}^{0}$"的上极限尺寸为 d_{max} = _____（公式）= _____，

下极限尺寸为 d_{min} = _____（公式）= _____。

孔合格条件：$D_{min} \leqslant D_a \leqslant D_{max}$。

轴合格条件：_____。

6. 尺寸公差

尺寸公差（简称公差）是允许尺寸变动的量，其公差计算公式为：

孔公差　$T_h = |D_{max} - D_{min}| = |ES - EI|$

轴公差　$T_s = |d_{max} - d_{min}| = |es - ei|$

例如，尺寸"$\phi 28_{-0.02}^{0}$"的公差为 T_s = _____（公式）= _____。

想一想

"公差 = 0"　此式成立吗？为什么？

结论（小组讨论）：_____。

7. 尺寸公差带图（图1-100）

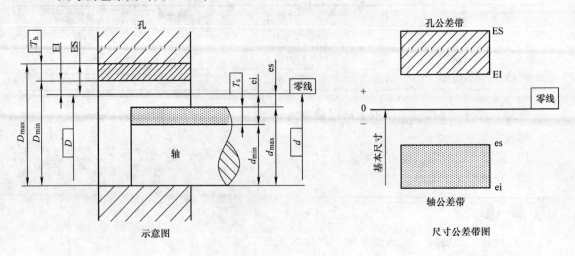

图1-100   公差与配合的示意图和尺寸公差带图

练一练

请绘制尺寸"$\phi 28^{\;0}_{-0.02}$"的公差带图。

四、配合的术语及其定义

1. 配合

公称尺寸相同的、相互结合的孔和轴公差带之间的关系称为配合。

2. 间隙与过盈

孔的尺寸减去相配合的轴的尺寸为正——间隙，差值用 X 表示，其数值前标"＋"号；

孔的尺寸减去相配合的轴的尺寸为负——过盈，差值用 Y 表示，其数值前标"－"号。

3. 配合类型

根据形成间隙或过盈的情况，配合分为三类，_____配合、过渡配合、_____配合。

（1）间隙配合   具有间隙（包括最小间隙等于零）的配合称为间隙配合。

间隙配合时，孔的公差带在轴的公差带之_____（A. 上   B. 下），如图1-101a所示。

当孔为上极限尺寸而与其相配的轴为下极限尺寸时，配合处于最松状态，此间隙称为最大间隙，用 $X_{\max}$ 表示；当孔为下极限尺寸而与其相配的轴为上极限尺寸时，配合处于最紧状态，此间隙称为最小间隙，用 $X_{\min}$ 表示。其公式如下：

$$X_{\max} = D_{\max} - d_{\min} = \text{ES} - \text{ei}$$
$$X_{\min} = D_{\min} - d_{\max} = \text{EI} - \text{es}$$

最大间隙与最小间隙统称为极限间隙，它们表示间隙配合中允许间隙变动的两个界限值。间隙配合中，当孔的下极限尺寸等于轴的上极限尺寸时，最小间隙等于零，称为零间隙，如图 1-101b 所示。

间隙配合公差即间隙允许变动的范围，用 T_{f} 表示，其公式为：

$$T_{\text{f}} = X_{\max} - X_{\min} = T_{\text{h}} + T_{\text{s}}$$

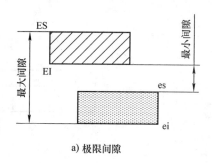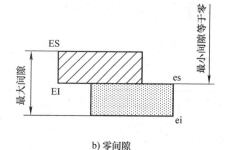

a) 极限间隙　　　　　　　　　　　　　　b) 零间隙

图 1-101　间隙配合的孔、轴公差带

（2）过盈配合　具有过盈（包括最小过盈等于零）的配合称为过盈配合。

过盈配合时，孔的公差带在轴的公差带之_____（A. 上　B. 下），如图 1-102a 所示。

当孔为下极限尺寸而与其相配的轴为上极限尺寸时，配合处于最紧状态，此过盈称为最大过盈，用 $Y_{\max}$ 表示；当孔为_____（A. 上　B. 下）极限尺寸而与其相配的轴为_____（A. 上　B. 下）极限尺寸时，配合处于最松状态，此过盈称为最小过盈，用 $Y_{\min}$ 表示。其公式如下：

$$Y_{\max} = D_{\min} - d_{\max} = \text{EI} - \text{es}$$
$$Y_{\min} = D_{\max} - d_{\min} = \text{ES} - \text{ei}$$

最大过盈与最小过盈统称为极限过盈，它们表示过盈配合中允许过盈变动的两个界限值。过盈配合中，当孔的上极限尺寸等于轴的下极限尺寸时，最小过盈等于零，称为零过盈，如图 1-102b 所示。

过盈配合公差即间隙允许变动的范围，用 T_{f} 表示，其公式为：

$$T_{\text{f}} = Y_{\min} - Y_{\max} = T_{\text{h}} + T_{\text{s}}$$

（3）过渡配合　可能具有间隙或过盈的配合称过渡配合（图 1-103）。孔的公差带与轴的公差带相互交叠。其公式如下：

最大间隙　　　　　　　$X_{\max} = D_{\max} - d_{\min} = \text{ES} - \text{ei}$

最大过盈　　　　　　　$Y_{\max} = D_{\min} - d_{\max} = \text{EI} - \text{es}$

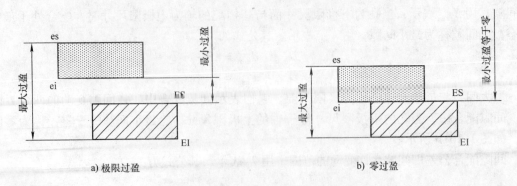

a) 极限过盈　　　　　　　　　　　b) 零过盈

图 1-102　过盈配合的孔、轴公差带

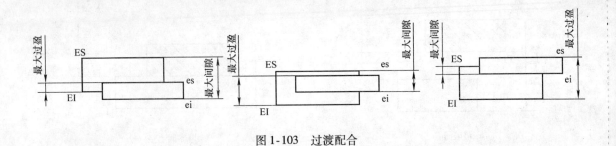

图 1-103　过渡配合

小结：三种配合性质的特点见表1-21。

表 1-21　配合类型及特点

配合类型	特点
间隙配合	1. 除零间隙外，孔的实际尺寸_____（A. 大于　B. 小于）轴的实际尺寸 2. 孔、轴配合时存在间隙，允许孔、轴之间有相对转动 3. 孔的公差带在轴的公差带上方
过盈配合	1. 除零过盈外，孔的实际尺寸_____（A. 大于　B. 小于）轴的实际尺寸 2. 孔、轴配合时存在过盈，不允许孔、轴之间有相对转动 3. 孔的公差带在轴的公差带_____（A. 上　B. 下）方
过渡配合	1. 孔的实际尺寸可能大于或小于轴的实际尺寸 2. 孔、轴配合时可能存在间隙，也可能存在过盈 3. 孔的公差带和轴的公差带相互交叠

五、标准公差

标准公差是指国家标准规定的，用以确定公差带大小的任一公差。标准公差用 IT 表示，共分20级，IT01、IT0、IT1、…、IT18。其中，IT01 公差等级最高，标准公差值最小；IT18 公差等级最低，标准公差最大。国家标准规定的标准公差数值见表1-22。

表 1-22　标准公差数值（摘自 GB/T 1800. 1—2009）

基本尺寸		公差值													
		IT4	IT5	IT6	IT7	IT8	IT9	IT10	IT11	IT12	IT13	IT14	IT15	IT16	IT17	IT18
大于	到	μm								mm						
—	3	3	4	6	10	14	25	40	60	0.10	0.14	0.25	0.40	0.60	1.0	1.4
3	6	4	5	8	12	18	30	48	75	0.12	0.18	0.30	0.48	0.75	1.2	1.8
6	10	4	6	9	15	22	36	58	90	0.15	0.22	0.36	0.58	0.90	1.5	2.2
10	18	5	8	11	18	27	43	70	110	0.18	0.27	0.43	0.70	1.10	1.8	2.7
18	30	6	9	13	21	33	52	84	130	0.21	0.33	0.52	0.84	1.30	2.1	3.3
30	50	7	11	16	25	39	62	100	160	0.25	0.39	0.62	1.00	1.60	2.5	3.9
50	80	8	13	19	30	46	74	120	190	0.30	0.46	0.74	1.20	1.90	3.0	4.6
80	120	10	15	22	35	54	87	140	220	0.35	0.54	0.87	1.40	2.20	3.5	5.4
120	180	12	18	25	40	63	100	160	250	0.40	0.63	1.00	1.60	2.50	4.0	6.3
180	250	14	20	29	46	72	115	185	290	0.46	0.72	1.15	1.85	2.90	4.6	7.2
250	315	16	23	32	52	81	130	210	320	0.52	0.81	1.30	2.10	3.20	5.2	8.1
315	400	18	25	36	57	89	140	230	360	0.57	0.89	1.40	2.30	3.60	5.7	8.9
400	500	20	27	40	63	97	155	250	400	0.63	0.97	1.55	2.50	4.00	6.3	9.7

注：基本尺寸小于 1mm 时，无 IT14 至 IT18。

六、基本偏差

在一般情况下，靠近零线的极限偏差称为基本偏差，是公差带位置标准化的唯一参数，原则上与公差等级无关。

看图 1-104，请回答：

孔、轴的公称尺寸为_____。

轴的基本偏差为_____（A. 上　B. 下）偏

差 = _____。

孔的基本偏差为_____（A. 上　B. 下）偏

差 = _____。

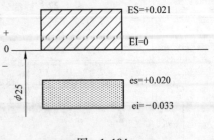

图　1-104

为了满足不同配合性质的需要，国家标准对孔、轴公差带的位置予以标准化。国家标准中规定了孔、轴各 28 种公差带的位置，分别用不同的拉丁字母表示。

图 1-105 所示为基本偏差系列图，它表示公称尺寸相同的 28 种轴、孔基本偏差相对于零线的位置。图中画的基本偏差是"开口"公差带，表示基本偏差表达公差带的_____（A. 位置　B. 大小），另一端开口由公差等级来决定。

基本偏差也已标准化，见表 1-23 和表 1-24。

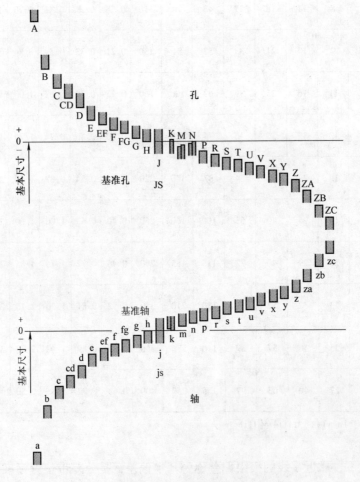

图 1-105　基本偏差系列图

表 1-23　轴的基本偏差数值　　　　　　　　　　　　　　（单位：μm）

公称尺寸/mm		基本偏差数值																
大于	至	上极限偏差 es											js	下极限偏差 ei				
		所有标准公差等级												IT5 和 IT6	IT7	IT8	IT4 和 IT7	≤IT3 >IT7
		a	b	c	cd	d	e	ef	f	fg	g	h		j			k	
—	3	−270	−140	−60	−34	−20	−14	−10	−6	−4	−2	0		−2	−4	−6	0	0
3	6	−270	−140	−70	−46	−30	−20	−14	−10	−6	−4	0		−2	−4		+1	0
6	10	−280	−150	−80	−56	−40	−25	−18	−13	−8	−5	0		−2	−5		+1	0
10	14	−290	−150	−95		−50	−32		−16		−6	0		−3	−6		+1	0
14	18																	
18	24	−300	−160	−110		−65	−40		−20		−7	0		−4	−8		+2	0
24	30																	
30	40	−310	−170	−120		−80	−50		−25		−9	0		−5	−10		+2	0
40	50	−320	−180	−130														
50	65	−340	−190	−140		−100	−60		−30		−10	0		−7	−12		+2	0
65	80	−360	−200	−150														
80	100	−380	−220	−170		−120	−72		−36		−12	0		−9	−15		+3	0
100	120	−410	−240	−180														
120	140	−460	−260	−200		−145	−85		−43		−14	0		−11	−18		+3	0
140	160	−520	−280	−210														
160	180	−580	−310	−230														
180	200	−660	−340	−240		−170	−100		−50		−15	0		−13	−21		+4	0
200	225	−740	−380	−260														
225	250	−820	−420	−280														
250	280	−920	−480	−300		−190	−110		−56		−17	0		−16	−26		+4	0
280	315	−1050	−540	−330														
315	355	−1200	−600	−360		−210	−125		−62		−18	0		−18	−28		+4	0
355	400	−1350	−680	−400														
400	450	−1500	−760	−440		−230	−135		−68		−20	0		−20	−32		+5	0
450	500	−1650	−840	−480														
500	560					−260	−145		−76		−22	0					0	0
560	630																	
630	710					−290	−160		−80		−24	0					0	0
710	800																	
800	900					−320	−170		−86		26	0					0	0
900	1000																0	0
1000	1120					−350	−195		−98		−28	0					0	0
1120	1250																	
1250	1400					−390	−220		−110		−30	0					0	0
1400	1600																	
1600	1800					−430	−240		−120		−32	0					0	0
1800	2000																	
2000	2240					−480	−260		−130		−34	0					0	0
2240	2500																	
2500	2800					−520	−290		−145		−38	0					0	0
2800	3150																	

js 列：偏差 $= \pm \dfrac{IT_n}{2}$，式中 IT_n 是 IT 值数

（续）

公称尺寸 /mm		基本偏差数值													
		下极限偏差 ei													
大于	至	所有标准公差等级													
		m	n	p	r	s	t	u	v	x	y	z	za	zb	zc
—	3	+2	+4	+6	+10	+14		+18		+20		+26	+32	+40	+60
3	6	+4	+8	+12	+15	+19		+23		+28		+35	+42	+50	+80
6	10	+6	+10	+15	+19	+23		+28		+34		+42	+52	+67	+97
10	14	+7	+12	+18	+23	+28		+33		+40		+50	+64	+90	+130
14	18				+23	+28		+33	+39	+45		+60	+77	+108	+150
18	24	+8	+15	+22	+28	+35		+41	+47	+54	+63	+73	+98	+136	+188
24	30				+28	+35	+41	+48	+55	+64	+75	+88	+118	+160	+218
30	40	+9	+17	+26	+34	+43	+48	+60	+68	+80	+94	+112	+148	+200	+274
40	50				+34	+43	+54	+70	+81	+97	+114	+136	+180	+242	+325
50	65	+11	+20	+32	+41	+53	+66	+87	+102	+122	+144	+172	+226	+300	+405
65	80				+43	+59	+75	+102	+120	+146	+174	+210	+274	+360	+480
80	100	+13	+23	+37	+51	+71	+91	+124	+146	+178	+214	+258	+335	+445	+585
100	120				+54	+79	+104	+144	+172	+210	+254	+310	+400	+525	+690
120	140	+15	+27	+43	+63	+92	+122	+170	+202	+248	+300	+365	+470	+620	+800
140	160				+65	+100	+134	+190	+228	+280	+340	+415	+535	+700	+900
160	180				+68	+108	+146	+210	+252	+310	+380	+465	+600	+780	+1000
180	200	+17	+31	+50	+77	+122	+166	+236	+284	+350	+425	+520	+670	+880	+1150
200	225				+80	+130	+180	+258	+310	+385	+470	+575	+740	+960	+1250
225	250				+84	+140	+196	+284	+340	+425	+520	+640	+820	+1050	+1350
250	280	+20	+34	+56	+94	+158	+218	+315	+385	+475	+580	+710	+920	+1200	+1550
280	315				+98	+170	+240	+350	+425	+525	+650	+790	+1000	+1300	+1700
315	355	+21	+37	+62	+108	+190	+268	+390	+475	+590	+730	+900	+1150	+1500	+1900
355	400				+114	+208	+294	+435	+530	+660	+820	+1000	+1300	+1650	+2100
400	450	+23	+40	+68	+126	+232	+330	+490	+595	+740	+920	+1100	+1450	+1850	+2400
450	500				+132	+252	+360	+540	+660	+820	+1000	+1250	+1600	+2100	+2600
500	560	+26	+44	+78	+150	+280	+400	+600							
560	630				+155	+310	+450	+660							
630	710	+30	+50	+88	+175	+340	+500	+740							
710	800				+185	+380	+560	+840							
800	900	+34	+56	+100	+210	+430	+620	+940							
900	1000				+220	+470	+680	+1050							
1000	1120	+40	+66	+120	+250	+520	+780	+1150							
1120	1250				+260	+580	+840	+1300							
1250	1400	+48	+78	+140	+300	+640	+960	+1450							
1400	1600				+330	+720	+1050	+1600							
1600	1800	+58	+92	+170	+370	+820	+1200	+1850							
1800	2000				+400	+920	+1350	+2000							
2000	2240	+68	+110	+195	+440	+1000	+1500	+2300							
2240	2500				+460	+1100	+1650	+2500							
2500	2800	+76	+135	+240	+550	+1250	+1900	+2900							
2800	3150				+580	+1400	+2100	+3200							

注：1. 公称尺寸小于或等于1mm时，基本偏差 a 和 b 均不采用。

2. 公差带 js7 至 js11，若 IT_n 值数是奇数，则取偏差 $= \pm \dfrac{IT_n - 1}{2}$。

表1-24　孔的基本偏差数值　　　　（单位：μm）

基本偏差数值　下极限偏差 EI（A～H，所有标准公差等级）／上极限偏差 ES（JS、J、K、M、N）

JS 列：$偏差 = \pm \dfrac{IT_n}{2}$，式中 IT_n 是 IT 值数

公称尺寸/mm 大于	至	A	B	C	CD	D	E	EF	F	FG	G	H	JS	J IT6	J IT7	J IT8	K ≤IT8	K >IT8	M ≤IT8	M >IT8	N ≤IT8	N >IT8
—	3	+270	+140	+60	+34	+20	+14	+10	+6	+4	+2	0		+2	+4	+6	0	0	−2	−2	−4	−4
3	6	+270	+140	+70	+46	+30	+20	+14	+10	+6	+4	0		+5	+6	+10	−1 +Δ		−4 +Δ	−4	8 +Δ	0
6	10	+280	+150	+80	+56	+40	+25	+18	+13	+8	+5	0		+5	+8	+12	−1 +Δ		−6 +Δ	−6	−10 +Δ	0
10	14	+290	+150	+95		+50	+32		+16		+6	0		+6	+10	+15	−1 +Δ		−7 +Δ	−7	−12 +Δ	0
14	18	+290	+150	+95		+50	+32		+16		+6	0		+6	+10	+15	−1 +Δ		−7 +Δ	−7	−12 +Δ	0
18	24	+300	+160	+110		+65	+40		+20		+7	0		+8	+12	+20	−2 +Δ		−8 +Δ	−8	−15 +Δ	0
24	30	+300	+160	+110		+65	+40		+20		+7	0		+8	+12	+20	−2 +Δ		−8 +Δ	−8	−15 +Δ	0
30	40	+310	+170	+120		+80	+50		+25		+9	0		+10	+14	+24	−2 +Δ		−9 +Δ	−9	−17 +Δ	0
40	50	+320	+180	+130		+80	+50		+25		+9	0		+10	+14	+24	−2 +Δ		−9 +Δ	−9	−17 +Δ	0
50	65	+340	+190	+140		+100	+60		+30		+10	0		+13	+18	+28	−2 +Δ		−11 +Δ	−11	−20 +Δ	0
65	80	+360	+200	+150		+100	+60		+30		+10	0		+13	+18	+28	−2 +Δ		−11 +Δ	−11	−20 +Δ	0
80	100	+380	+220	+170		+120	+72		+36		+12	0		+16	+22	+34	−3 +Δ		−13 +Δ	−13	−23 +Δ	0
100	120	+410	+240	+180		+120	+72		+36		+12	0		+16	+22	+34	−3 +Δ		−13 +Δ	−13	−23 +Δ	0
120	140	+460	+260	+200		+145	+85		+43		+14	0		+18	+26	+41	−3 +Δ		−15 +Δ	−15	−27 +Δ	0
140	160	+520	+280	+210		+145	+85		+43		+14	0		+18	+26	+41	−3 +Δ		−15 +Δ	−15	−27 +Δ	0
160	180	+580	+310	+230		+145	+85		+43		+14	0		+18	+26	+41	−3 +Δ		−15 +Δ	−15	−27 +Δ	0
180	200	+660	+340	+240		+170	+100		+50		+15	0		+22	+30	+47	−4 +Δ		−17 +Δ	−17	−31 +Δ	0
200	225	+740	+380	+260		+170	+100		+50		+15	0		+22	+30	+47	−4 +Δ		−17 +Δ	−17	−31 +Δ	0
225	250	+820	+420	+280		+170	+100		+50		+15	0		+22	+30	+47	−4 +Δ		−17 +Δ	−17	−31 +Δ	0
250	280	+920	+480	+300		+190	+110		+56		+17	0		+25	+36	+55	−4 +Δ		−20 +Δ	−20	−34 +Δ	0
280	315	+1050	+540	+330		+190	+110		+56		+17	0		+25	+36	+55	−4 +Δ		−20 +Δ	−20	−34 +Δ	0
315	355	+1200	+600	+360		+210	+125		+62		+18	0		+29	+39	+60	−4 +Δ		−21 +Δ	−21	−37 +Δ	0
355	400	+1350	+680	+400		+210	+125		+62		+18	0		+29	+39	+60	−4 +Δ		−21 +Δ	−21	−37 +Δ	0
400	450	+1500	+760	+440		+230	+135		+68		+20	0		+33	+43	+66	−5 +Δ		−23 +Δ	−23	−40 +Δ	0
450	500	+1650	+840	+480		+230	+135		+68		+20	0		+33	+43	+66	−5 +Δ		−23 +Δ	−23	−40 +Δ	0
500	560					+260	+145		+76		+22	0					0		−26		−44	
560	630					+260	+145		+76		+22	0					0		−26		−44	
630	710					+290	+160		+80		+24	0					0		−30		−50	
710	800					+290	+160		+80		+24	0					0		−30		−50	
800	900					+320	+170		+86		+26	0					0		−34		−56	
900	1000					+320	+170		+86		+26	0					0		−34		−56	
1000	1120					+350	+195		+98		+28	0					0		−40		−66	
1120	1250					+350	+195		+98		+28	0					0		−40		−66	
1250	1400					+390	+220		+110		+30	0					0		−48		−78	
1400	1600					+390	+220		+110		+30	0					0		−48		−78	
1600	1800					+430	+240		+120		+32	0					0		−58		−92	
1800	2000					+430	+240		+120		+32	0					0		−58		−92	
2000	2240					+480	+260		+130		+34	0					0		−68		−110	
2240	2500					+480	+260		+130		+34	0					0		−68		−110	
2500	2800					+520	+290		+145		+38	0					0		−76		−135	
2800	3150					+520	+290		+145		+38	0					0		−76		−135	

（续）

公称尺寸/mm		基本偏差数值 上极限偏差 ES 标准公差等级大于 IT7													Δ 值 标准公差等级					
大于	至	≤IT7 P至ZC	P	R	S	T	U	V	X	Y	Z	ZA	ZB	ZC	IT3	IT4	IT5	IT6	IT7	IT8
—	3		−6	−10	−14		−18		−20		−26	−32	−40	−60	0	0	0	0	0	0
3	6		−12	−15	−19		−23		−28		−35	−42	−50	−80	1	1.5	1	3	4	6
6	10		−15	−19	−23		−28		−34		−42	−52	−67	−97	1	1.5	2	3	6	7
10	14		−18	−23	−28		−33		−40		−50	−64	−90	−130	1	2	3	3	7	9
14	18	在大于IT7的相应数值上增加一个Δ值						−39	−45		−60	−77	−108	−150						
18	24		−22	−28	−35		−41	−47	−54	−63	−73	−98	−136	−188	1.5	2	3	4	8	12
24	30					−41	−48	−55	−64	−75	−88	−118	−160	−218						
30	40		−26	−34	−43	−48	−60	−68	−80	−94	−112	−148	−200	−274	1.5	3	4	5	9	14
40	50					−54	−70	−81	−97	−114	−136	−180	−242	−325						
50	65		−32	−41	−53	−66	−87	−102	−122	−144	−172	−226	−300	−405	2	3	5	6	11	16
65	80			−43	−59	−75	−102	−120	−146	−174	−210	−274	−360	−480						
80	100		−37	−51	−71	−91	−124	−146	−178	−214	−258	−335	−445	−585	2	4	5	7	13	19
100	120			−54	−79	−104	−144	−172	−210	−254	−310	−400	−525	−690						
120	140		−43	−63	−92	−122	−170	−202	−248	−300	−365	−470	−620	−800	3	4	6	7	15	23
140	160			−65	−100	−134	−190	−228	−280	−340	−415	−535	−700	−900						
160	180			−68	−108	−146	−210	−252	−310	−380	−465	−600	−780	−1000						
180	200		−50	−77	−122	−166	−236	−284	−350	−425	−520	−670	−880	−1150	3	4	6	9	17	26
200	225			−80	−130	−180	−258	−310	−385	−470	−575	−740	−960	−1250						
225	250			−84	−140	−196	−284	−340	−425	−520	−640	−820	−1050	−1350						
250	280		−56	−94	−158	−218	−315	−385	−475	−580	−710	−920	−1200	−1550	4	4	7	9	20	29
280	315			−98	−170	−240	−350	−425	−525	−650	−790	−1000	−1300	−1700						
315	355		−62	−108	−190	−268	−390	−475	−590	−730	−900	−1150	−1500	−1900	4	5	7	11	21	32
355	400			−114	−208	−294	−435	−530	−660	−820	−1000	−1300	−1650	−2100						
400	450		−68	−126	−232	−330	−490	−595	−740	−920	−1100	−1450	−1850	−2400	5	5	7	13	23	34
450	500			−132	−252	−360	−540	−660	−820	−1000	−1250	−1600	−2100	−2600						
500	560		−78	−150	−280	−400	−600													
560	630			−155	−310	−450	−660													
630	710		−88	−175	−340	−500	−740													
710	800			−185	−380	−560	−840													
800	900		−100	−210	−430	−620	−940													
900	1000			−220	−470	−680	−1050													
1000	1120		−120	−250	−520	−780	−1150													
1120	1250			−260	−580	−840	−1300													
1250	1400		−140	−300	−640	−960	−1450													
1400	1600			−330	−720	−1050	−1600													
1600	1800		−170	−370	−820	−1200	−1850													
1800	2000			−400	−920	−1350	−2000													
2000	2240		−195	−440	−1000	−1500	−2300													
2240	2500			−460	−1100	−1650	−2500													
2500	2800		−240	−550	−1250	−1900	−2900													
2800	3150			−580	−1400	−2100	−3200													

注: 1. 公称尺寸小于或等于 1mm 时，基本偏差 A 和 B 及大于 IT8 的 N 均不采用。

2. 公差带 JS7 至 JS11，若 IT_n 值数是奇数，则取偏差 $= \pm \dfrac{IT_n - 1}{2}$。

3. 对小于或等于 IT8 的 K、M、N 和小于或等于 IT7 的 P～ZC，所需 Δ 值从表内右侧选取，例如：
    18mm～30mm 段的 K7：Δ = 8μm，所以 ES = −2μm + 8μm = +6μm
    18mm～30mm 段的 S6：Δ = 4μm，所以 ES = −35μm + 4μm = −31μm

4. 特殊情况：250mm～315mm 段的 M6，ES = −9μm（代替 −11μm）。

七、公差带代号

1. 孔、轴的公差带代号

孔、轴的公差带代号由基本偏差代号和公差等级代号组成，如图 1-106 所示。

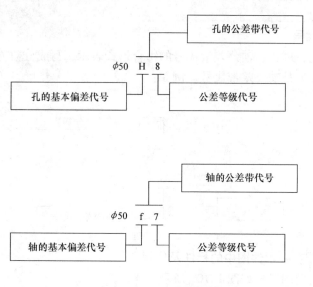

图 1-106　孔、轴的公差带代号

2. 孔、轴公差带中另一极限偏差的确定

例如，查表求 $\phi70M6$ 的极限偏差的过程如下：

1）根据基本偏差代号是小写还是大写，决定查轴还是孔的基本偏表。本例中 "M" 是大写，决定查_____的基本偏表，查表_____。

2）在表中横线行找到该代号并查出该代号基本偏差是上偏差还是下偏差。本例中 "$\phi70M$" 基本偏差是_____偏差。

3）查该代号所在竖列，和基本尺寸所在尺寸分段的横行，从二者相交格查得 "基本偏差值"。所需 Δ 值从尾表栏按公差带等级和基本尺寸所在的尺寸段竖横相交处查得，对于本例可得：

$$ES = (-11 + \Delta)\ \mu m = (-11 + 6)\ \mu m = -5\mu m = -0.005mm$$

4）根据公差等级，查标准公差表，即查表_____。"$\phi70M6$" 公差等级为 6，查 IT6 所在的竖列，和基本尺寸所在尺寸分段的横行，从相交格查得标准公差为：

$$T_h = 19\mu m = 0.019mm$$

5）根据标准公差值、基本偏差值计算上极限偏差（或下极限偏差）得：

$$EI = ES - T_h = -0.005mm - 0.019mm = -0.024mm$$

6）写成标准形式为 "$\phi70M6 = \phi70 {}^{-0.005}_{-0.024}$"。

🔍 **练一练**

试确定 "$\phi50H7$" 的极限偏差。过程如下。

1）由孔的基本偏差数值表查得，基本偏差 H 是 _____（A. 上　B. 下）偏差，

_____ = _____ mm。

2）由标准公差数值表查得，基本尺寸 $D = 50mm$ 时，IT7 = _____。

3）根据公式 _____，算得另一极限偏差为 _____，

写成标准形式为 _____。

3. 配合公差带代号

配合代号标准化，用孔、轴公差带代号的组合形式表示，写成分数方式，其中，分子代表孔公差带代号，分母是轴公差带代号，例如：

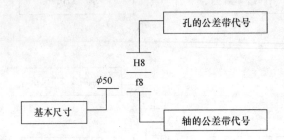

4. 尺寸公差与配合在零件图中的标注及应用

零件图上标注公差的形式如图 1-107 所示。

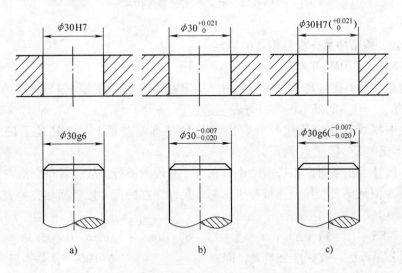

图 1-107　零件图上标注公差的形式

1）标注公差带的代号，如图 1-107a 所示。这种标注方法和采用专用量具检验零件统一起来，适应 _____（A. 大批量　B. 小批量　C. 单件　D. 产量不定）生产。

2）标注偏差数值，如图 1-107b 所示。上极限偏差注在基本尺寸的右上方，下极限偏差注在基本尺寸的右下方，偏差的数字比基本尺寸数字小一号。如上、下极限偏差的数值相同时，则在基本尺寸之后标注"±"符号，再填写一个偏差数值。此方法适用于 _____

或 _____（A. 大批量　B. 小批量　C. 单件　D. 产量不定）生产。

3）公差带的代号和偏差数值一起标注，如图 1-107c 所示。此方法适用于＿＿＿＿＿＿（A. 大批量　B. 小批量　C. 单件　D. 产量不定）。

八、基准制

极限与配合制度规定了松紧不同的配合，用来满足各类机器零件配合性质的要求，以实现孔、轴的三种配合。国家标准规定了两种基准制，即＿＿＿＿＿＿制和＿＿＿＿＿＿制。

1. 基孔制

基孔制（图 1-108a）是指基本偏差为一定的孔的公差带，与不同基本偏差的轴的公差带形成各种配合的一种制度。基孔制中的孔称为基准孔，用 H 表示，基准孔以下极限偏差为基本偏差，且数值为零。所以，公差带偏置在零线＿＿＿＿＿＿（A. 上　B. 下）侧。

2. 基轴制

基轴制（图 1-108b）是指基本偏差为一定的轴的公差带，与不同基本偏差的孔的公差带形成各种配合的一种制度。

基轴制中的轴称为基准轴，用 h 表示，基准轴的上极限偏差为基本偏差且等于零。公差带则偏置在零线＿＿＿＿＿＿（A. 上　B. 下）侧。

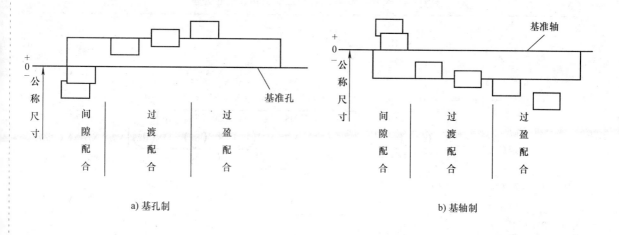

a) 基孔制　　　　　　　　　　　　　　　b) 基轴制

图 1-108　基准制

九、极限与配合应用

1. 公差等级的选用

1）在满足要求的前提下尽量选用较＿＿＿＿＿＿的公差等级（降低加工成本）。

2）尽量选用优先公差带（表 1-25、表 1-26）。

3）孔公差一般比轴公差＿＿＿＿＿＿一个公差等级。

标准公差等级的应用见表 1-27，公差等级的应用范围见表 1-28。

表 1-25　尺寸≤500mm 轴一般、常用、优先公差带

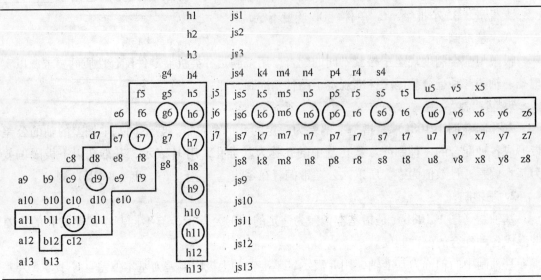

注：带框的为优先公差带。

表 1-26　尺寸≤500mm 孔一般、常用、优先公差带

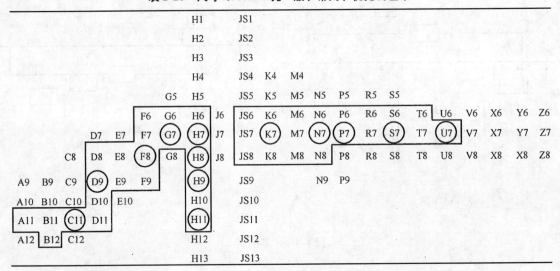

注：带框的为优先公差带。

表 1-27　标准公差等级的应用

应用	IT 等级																		
	01	0	1	2	3	4	5	6	7	8	9	10	11	12	13	14	15	16	17	18
量块	———————																		
量规				————————															
配合尺寸							————————												
特别精密零件的配合				———————															
非配合尺寸															————————				
原材料公差								————————											

表1-28　公差等级的应用范围

公差等级	适用范围	应用举例
IT5	用于仪表、发动机和机床中特别重要的配合，加工要求高，一般机械制造中较少应用。特点是能保证配合性质的稳定性	航空及航海仪器中特别精密的零件，与特别精密的滚动轴承相配的机床主轴和外壳孔，高精度齿轮的基准孔和基准轴
IT6	应用于机械制造中精度要求很高的重要配合，特点是能得到均匀的配合性质，使用可靠	与E级滚动轴承相配合的孔、轴径，机床丝杠轴径，矩形花键的定心直径，摇臂钻床的立柱等
IT7	广泛用于机械制造中精度要求较高、较重要的配合	联轴器中的带轮、凸轮等的孔径，机床卡盘座孔，发动机中的连杆孔、活塞孔等
IT8	机械制造中属于中等精度，用于对配合性质要求不太高的次要配合	轴承座衬套沿宽度方向的尺寸，IT9至IT12级齿轮的基准孔，IT11至IT12级齿轮的基准轴
IT9～IT10	属较低精度，用于配合性质要求不太高的次要配合	机械制造中轴套的外径与孔，操纵件与轴，空轴带轮与轴，单键与花键
IT11～IT13	属低精度，只适用于基本上没有什么配合要求的场合	非配合尺寸及工序间尺寸，滑块与滑移齿轮，冲压加工的配合件，塑料成形尺寸公差

2. 基准制的选用

（1）基孔制的选用　一般情况下，优先采用＿＿＿＿＿制。因为孔加工比轴加工要＿＿＿＿＿（A. 容易　B. 困难）些，加工孔时所用的刀具、量具的数量和规格也多一些，所以在条件允许的情况下尽量采用基孔制，这样不仅有利生产，也比较经济合理。

有些配合件与标准件配合时，对其配合作了明确规定，如滚动轴承内圈的孔与轴颈的配合就规定为基孔制配合。

（2）基轴制的应用

1）纺织机械和农业机械中冷拉棒料作的轴，因外径不需要机械加工，故采用基轴制。

2）同一直径上的轴，需要装上不同配合性质的零件，采用基轴制。

3）滚动轴承的外圈与箱体孔的配合，规定采用基轴制。

3. 配合的选用（表1-29、表1-30）

1）根据使用性能要求选用配合性质。

表 1-29　基轴制常用、优先配合

基准轴	孔																				
	A	B	C	D	E	F	G	H	JS	K	M	N	P	R	S	T	U	V	X	Y	Z
	间隙配合								过渡配合				过盈配合								
h5						$\frac{F6}{h5}$	$\frac{G6}{h5}$	$\frac{H6}{h5}$	$\frac{JS6}{h5}$	$\frac{K6}{h5}$	$\frac{M6}{h5}$	$\frac{N6}{h5}$	$\frac{P6}{h5}$	$\frac{R6}{h5}$	$\frac{S6}{h5}$	$\frac{T6}{h5}$					
h6						$\frac{F7}{h6}$	$\frac{G7}{h6}$	$\frac{H7}{h6}$	$\frac{JS7}{h6}$	$\frac{K7}{h6}$	$\frac{M7}{h6}$	$\frac{N7}{h6}$	$\frac{P7}{h6}$	$\frac{R7}{h6}$	$\frac{S7}{h6}$	$\frac{T7}{h6}$	$\frac{U7}{h6}$				
h7					$\frac{E8}{h7}$	$\frac{F8}{h7}$		$\frac{H8}{h7}$	$\frac{JS8}{h7}$	$\frac{K8}{h7}$	$\frac{M8}{h7}$	$\frac{N8}{h7}$									
h8				$\frac{D8}{h8}$	$\frac{E8}{h8}$	$\frac{F8}{h8}$		$\frac{H8}{h8}$													
h9				$\frac{D9}{h9}$	$\frac{E9}{h9}$	$\frac{F9}{h9}$		$\frac{H9}{h9}$													
h10				$\frac{D10}{h10}$				$\frac{H10}{h10}$													
h11	$\frac{A11}{h11}$	$\frac{B11}{h11}$	$\frac{C11}{h11}$	$\frac{D11}{h11}$				$\frac{H11}{h11}$													
h12		$\frac{B12}{h12}$						$\frac{H12}{h12}$													

注：有▟号者为优先配合。

表 1-30　基孔制常用、优先配合

基准孔	轴																				
	a	b	c	d	e	f	g	h	js	k	m	n	p	r	s	t	u	v	x	y	z
	间隙配合								过渡配合				过盈配合								
H6						$\frac{H6}{f5}$	$\frac{H6}{g5}$	$\frac{H6}{h5}$	$\frac{H6}{js5}$	$\frac{H6}{k5}$	$\frac{H6}{m5}$	$\frac{H6}{n5}$	$\frac{H6}{p5}$	$\frac{H6}{r5}$	$\frac{H6}{s5}$	$\frac{H6}{t5}$					
H7						$\frac{H7}{f6}$	$\frac{H7}{g6}$	$\frac{H7}{h6}$	$\frac{H7}{js6}$	$\frac{H7}{k6}$	$\frac{H7}{m6}$	$\frac{H7}{n6}$	$\frac{H7}{p6}$	$\frac{H7}{r6}$	$\frac{H7}{s6}$	$\frac{H7}{t6}$	$\frac{H7}{u6}$	$\frac{H7}{v6}$	$\frac{H7}{x6}$	$\frac{H7}{y6}$	$\frac{H7}{z6}$
H8					$\frac{H8}{e7}$	$\frac{H8}{f7}$	$\frac{H8}{g7}$	$\frac{H8}{h7}$	$\frac{H8}{js7}$	$\frac{H8}{k7}$	$\frac{H8}{m7}$	$\frac{H8}{n7}$	$\frac{H8}{p7}$	$\frac{H8}{r7}$	$\frac{H8}{s7}$	$\frac{H8}{t7}$	$\frac{H8}{u7}$				
H8				$\frac{H8}{d8}$	$\frac{H8}{e8}$	$\frac{H8}{f8}$		$\frac{H8}{h8}$													
H9			$\frac{H8}{c9}$	$\frac{H9}{d9}$	$\frac{H9}{e9}$	$\frac{H9}{f9}$		$\frac{H9}{h9}$													
H10			$\frac{H10}{c10}$	$\frac{H10}{d10}$				$\frac{H10}{h10}$													
H11	$\frac{H11}{a11}$	$\frac{H11}{b11}$	$\frac{H11}{c11}$	$\frac{H11}{d11}$				$\frac{H11}{h11}$													
H12		$\frac{H12}{b12}$						$\frac{H12}{h12}$													

注：有▟号者为优先配合。

2）首先选用优先公差带及优先配合；其次选用常用公差带及常用配合；再次选用一般用途公差带，见表 1-29、1-30。

3）必要时可按标准规定的标准公差与基本偏差自行组成孔、轴公差带及配合。

十、尺寸链的含义及特性

1. 尺寸链的含义（图1-109）

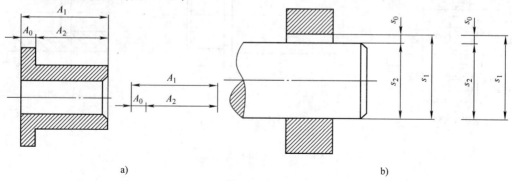

图1-109 尺寸链

在一个零件或一台机器的结构中，总有一些相互联系的尺寸，这些相互联系的尺寸按一定顺序连接成一个封闭的尺寸组，称为_____。

2. 尺寸链的组成

1）构成尺寸链的各个尺寸称为环。尺寸链的环分为_____和_____环。

① 封闭环：尺寸链中，在装配过程或加工过程后自然形成的环，如图1-109a所示的尺寸环 A_0。

② 组成环：尺寸链中，对封闭环有影响的全部环。

2）组成环又分为_____和_____环。

① 增环：与封闭环_____（A. 同向 B. 反向）变动的组成环，即当该组成环尺寸增大（或减小）而其他组成环不变时，封闭环也随之增大（或减小）。

② 减环：与封闭环_____（A. 同向 B. 反向）变动的组成环，即当该组成环尺寸增大（或减小）而其他组成环不变时，封闭环的尺寸却随之减小（或增大）。

3）增、减环的判别法。

如图1-110所示，增环为 A_3、A_1；减环为 A_2、T_0。

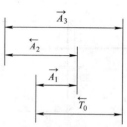

图1-110 增环与减环的差别

练一练

试判断图1-109a，增环为_____，减环为_____。

图1-109b，增环为_____，减环为_____。

3. 尺寸链的分类

1）按应用场合分为装配尺寸链、零件尺寸链和工艺尺寸链（图1-111）。

2）按各环所在空间位置分为线性尺寸链、平面尺寸链和空间尺寸链。尺寸链中常见的是_____。

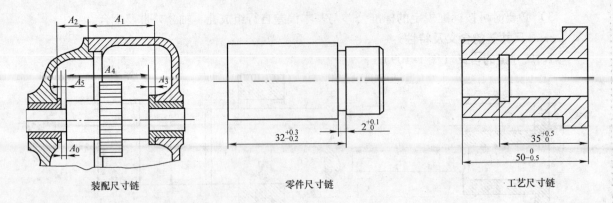

装配尺寸链　　　　　零件尺寸链　　　　　工艺尺寸链

图 1-111　尺寸链示意图

3）按各环尺寸的几何特性分为长度尺寸链和角度尺寸链。

4. 尺寸链的确立与分析

1）确定封闭环。

2）查找组成环。

3）尺寸链的计算。

5. 尺寸链的计算

1）计算类型：正计算、反计算、中间计算。

2）计算方法：完全互换法（极值法）、大数互换法、分组互换法、修配法、调整法。

实施活动 确定并标注传动轴的尺寸公差

工作流程

1. 基本尺寸、上极限偏差、下极限偏差、极限尺寸、基本偏差等概念的应用

（1）计算　计算图 1-112 所示零件的基本尺寸、上极限偏差、下极限偏差、极限尺寸和基本偏差。

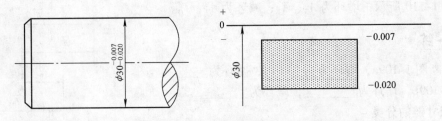

图 1-112　尺寸、尺寸偏差、极限尺寸

1）公称尺寸　$d =$ ＿＿＿＿＿＿ mm。

2）上极限偏差 es = ＿＿＿＿＿＿ mm；　　下极限偏差 ei = ＿＿＿＿＿＿ mm。

3）上极限尺寸 d_{max} = 公称尺寸 + 上极限偏差 = ＿＿＿＿＿＿ mm。

下极限尺寸 d_{min} = ＿＿＿＿＿ + ＿＿＿＿＿ = ＿＿＿＿＿ mm。

4）尺寸公差（T_s）= 上极限尺寸 − 下极限尺寸 = 上极限偏差 − 下极限偏差 = ＿＿＿＿＿＿ mm。

（2）填表　根据已经提供的数据，填写表 1-31。

表 1-31　计算结果

序号	零件图上的要求					测量的结果		结论
	公称尺寸	极限尺寸	极限偏差	尺寸公差	尺寸标注	实际尺寸	实际偏差	合格与否
1	轴 $\phi60$mm	$d_{max}=$ $d_{min}=$	es = ei =	$T_s=$	$\phi60^{-0.009}_{-0.034}$		0	
2	孔 $\phi80$mm	$D_{max}=$ $D_{min}=$	ES = EI = 0	$T_h=0.080$mm		80.020		

（3）尺寸公差与配合基本概念的综合应用　下列配合属于哪种基准制的哪种配合，确定其配合的极限间隙（过盈）和配合公差，并画出其公差带图。

$\phi50H8/f7$　　　　　$\phi30K7/h6$　　　　　$\phi30H7/p6$

1）根据配合符号判断"$\phi50H8/f7$"属于哪种基准制。

国标规定了＿＿＿＿和＿＿＿＿两种基准制。＿＿＿＿基准制的基本偏差为"H"，＿＿＿＿基准制的基本偏差为"h"。"$\phi50H8$"的基本偏差为"H"，因此"$\phi50H8/f7$"属于＿＿＿＿基准制的哪种配合。

2）查表求 $\phi50H8$ 的基本偏差和标准公差值。

"$\phi50H8$"公差等级为＿＿＿＿，查标准公差表得公差值 $T_h=$ ＿＿＿＿ mm，"$\phi50H8$"基本偏差 EI = ＿＿＿＿ mm。

3）查表求"$\phi50f7$"的基本偏差和标准公差值。

"$\phi50f7$"公差等级为＿＿＿＿，查标准公差表得公差值 $T_s=$ ＿＿＿＿ mm，"$\phi50f7$"中的"f"是小写，决定查轴的基本偏差表，在表中横行找到该代号并查出该代号基本偏差是＿＿＿＿偏差。以该代号为竖列，以基本尺寸所在的尺寸分段为横行，从相交处查得"基本偏差值"为＿＿＿＿ mm。

4）在同一图中画出"$\phi50H8$"和"$\phi50f7$"的公差带图。

画公差带图的步骤：

① 作零线。

② 选择合适的比例。

③ 用基本偏差确定公差带的位置，用＿＿＿＿确定公差带的大小，画出公差带，并标出上下偏差值。

5）根据"$\phi50H8$"和"$\phi50f7$"的公差带图或配合间隙（或过盈）判断"$\phi50H8/f7$"

的配合性质。"$\phi50H8/f7$"属于_____配合（A. 间隙配合　B. 过渡配合　C. 过盈配合）。

2. 确定孔、轴尺寸公差等级

（1）基孔制的选用

1）国家标准规定了基孔制和基轴制两种基准制，一般情况下，优先采_____基准制。

2）下列哪些情况必须选择基轴制_____。

A. 使用不再加工的冷拔棒料作轴时　　　　B. 以标准件为基准件确定基准制

C. 滚动轴承内圈与轴颈的配合　　　　　　D. 同一轴上有多种不同性质的配合要求

E. 滚动轴承外圈与轴承座的配合

3）滚动轴承内圈与轴颈的配合中，_____是标准件，因此应选用_____基准制，图 1-113 中，与滚动轴承内圈配合的两轴颈应用_____（基准制）。

（2）公差等级的选用

公差等级选用的选择原则：A. _____。

B. _____。

选用的选择方法有计算法和类比法。

常用方法：_____。

1）计算法（查表法）。已知孔、轴配合的基本尺寸为 60mm，根据使用要求，孔与轴的间隙最大不超过 80μm，最小不小于 30μm，试确定孔、轴的公差等级。

① 计算配合公差：T_f = 最大间隙 − 最小间隙 = $T_h + T_s$ = _____ μm；

② 查标准公差数值表得：IT_____ = _____ μm，IT_____ = _____ μm。使两公差值之和接近 T_f。

③ 根据求出的两公差等级确定孔与轴的公差等级，孔公差一般比轴公差_____（A. 低　B. 高）一个公差等级。

2）类比法（类比法是生产实际中常用的方法，又称为对照法）。用类比法确定图 1-113 所示减速器输出轴各轴径的公差等级。

① 考虑零件的功用和工作条件，确定主次配合表面。

图 1-113 所示减速器输出轴各轴径主要配合表面有_____，次要配合表面有_____，主要配合表面的孔选 IT6 ~ IT8，轴选 IT5 ~ IT7。

② 考虑配合件的精度。与滚动轴承、齿轮等配合的零件的公差等级，直接受轴承和齿轮精度的影响，应按轴承和齿轮的精度等级来确定相配零件的公差等级。

③ 考虑各种加工方法能达到的公差等级（表 1-27）。

图 1-113 所示的减速器输出轴与滚动轴承的配合面的加工方法是_____，选_____公差等级；与齿轮等零件配合的配合面的加工方法是_____，选_____公差等级；轴上键槽加工方法是_____，选_____公差等级。

A. 车削加工　B. 磨削加工　C. 铣削加工　D. 研磨加工

④ 考虑各公差等级的应用范围。查表 1-28，选用各配合面公差等级。

综合上文确定图 1-113 所示的减速器输出轴各轴径的公差等级为：轴与滚动轴承的配合面选用_____公差等级；与齿轮配合的面选用_____公差等级；端面、轴肩面选用

_____公差等级；键槽选用_____公差等级。

3. 确定孔、轴的配合性质

国家标准将配合分为_____配合、_____配合、_____配合三大类。

（1）确定方法　确定孔、轴的配合性质的常用方法是_____。

（2）确定步骤

1）根据工作条件确定松紧，确定配合类别。图1-113所示的减速器输出轴与滚动轴承的配合选用_____配合，与齿轮的配合选用_____配合，键与键槽的配合选用_____配合。

A. 间隙配合　B. 过盈配合　C. 过渡配合

2）根据所选配合类型，查基孔制（或基轴制）常用、优先配合表，确定适当的配合。

图1-113所示的减速器输出轴与滚动轴承的配合确定为_____，与齿轮的配合确定为_____，键与键槽的配合确定为_____。

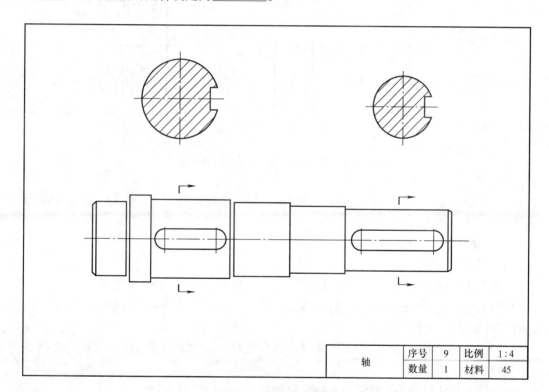

| 轴 | 序号 | 9 | 比例 | 1:4 |
| | 数量 | 1 | 材料 | 45 |

图1-113　减速器输出轴

4. 根据轴与孔的公差带查上、下极限偏差

（1）步骤

1）根据基本偏差代号是小写还是大写，决定查轴还是孔的基本偏差数值表。

2）在表中横行找到该代号并查出该代号基本偏差是上极限偏差还是下极限偏差。

3）在该代号所在的竖列，公称尺寸所在尺寸分段所在的横行，从相交处查得"基本偏差值"。所需Δ值，从尾表栏按公差带等级和公称尺寸所在的尺寸段竖横相交处查得。

4）根据公差等级，查标准公差数值表。

5）根据标准公差数值、基本偏差数值计算另一极限偏差（上极限偏差或下极限偏差）。

（2）计算　计算并查表求出图1-113所示的减速器输出轴所需标出的尺寸公差的上、下极限偏差。

5. 尺寸公差与配合在零件图中的标注

1）请在下列标注形式中选择适当的标注形式，标在图1-114相应位置并填空。

$\phi 30H7$　　　　　$\phi 30^{+0.021}_{0}$　　　　　$\phi 30g6\left(^{-0.007}_{-0.020}\right)$　　　　　$\phi 30 \pm 0.020$

批量生产，用专用量具检测，一般用标注_____。

小批量或单件生产，一般用标注_____。

不定量生产，一般用标注_____。

小批量或单件生产，且上、下极限偏差的数值相同，一般用标注_____。

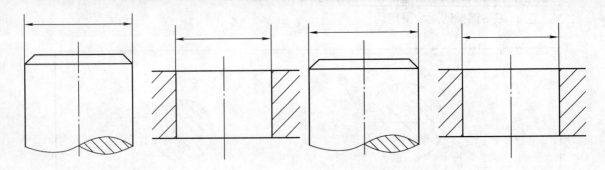

图1-114　尺寸公差与配合零件图的标注

2）如不定量生产图1-113所示的减速器输出轴，请将前面所确定的尺寸公差和配合标在减速器输出轴零件图上。

6. 标注零件的非功能尺寸（总尺寸线等）

（1）标注尺寸的形式

1）图1-115所示尺寸各属于哪种标注形式，请在图中填写。最常用的是_____。

2）链状法常用于标注中心之间的距离、阶梯状零件中尺寸要求十分精确的各段，以及用组合刀具加工的零件。

3）坐标法是把各个尺寸从一事先选定的基准注起。坐标法用于标注需要从一个基准定出一组精确尺寸的零件。

4）综合法标注尺寸是链状法与坐标法的综合。

（2）标注尺寸的一般原则

1）零件的重要尺寸（指影响零件工作性能的尺寸，有配合要求的尺寸和确定各部分相对位置的尺寸）要直接标注。

图1-113所示的输出轴零件中，必须直接标出的尺寸有_____。

2）尺寸标注要便于加工、便于测量。请选择图1-116中哪种标注更便于加工（好的打"√"，不好的打"×"）。

图1-113所示的输出轴零件图中，如何标注才便于加工和测量？

3）为保证设计要求，不要注成封闭尺寸链。

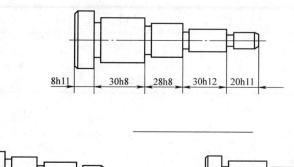

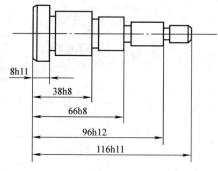

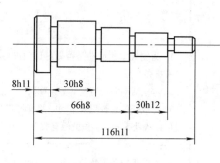

图 1-115　尺寸链

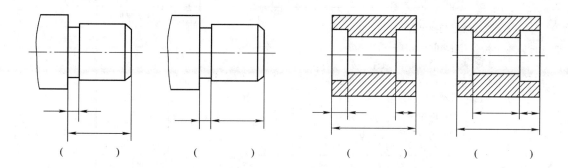

图 1-116　标注尺寸应考虑加工和测量的方便性

如图 1-117 所示，图_____是封闭尺寸链，其缺点是当封闭环公差很小，或组成环的数目很多时，会使组成环的公差过于严格。图_____是开口尺寸链，其优点是_____。

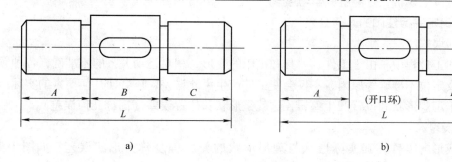

图 1-117　尺寸不应注成封闭尺寸链

（3）标注　根据尺寸标注原则，标出图 1-113 所示零件的非功能尺寸线。

活动评价（表 1-32）

表 1-32　活动评价表

完成日期			工时	120min	总耗时	
任务环节	评 分 标 准		所占分数	考核情况	扣分	得分
确定并标注传动轴的尺寸公差	1. 为完成本次活动是否做好课前准备（充分 5 分，一般 3 分，没有准备 0 分） 2. 本次活动完成情况（好 10 分，一般 6 分，不好 3 分） 3. 完成任务是否积极主动，并有收获（积极并有收获 5 分，积极但没收获 3 分，不积极但有收获 1 分）		20	自我评价： 学生签名		
	1. 准时参加各项任务（5 分）（迟到者扣 2 分） 2. 积极参与本次任务的讨论（10 分） 3. 为本次任务的完成，提出了自己独到的见解（5 分） 4. 团结、协作性强（5 分） 5. 超时扣 5~10 分		30	小组评价： 组长签名		
	1. 基孔制的选用错一处扣 2 分 2. 公差等级的选用错一处扣 2 分 3. 公差配合的选用错一处扣 2 分 4. 尺寸公差标注不合理，一处扣 2 分 5. 漏标、多标，一处扣 2 分 6. 违反安全操作规程扣 5~10 分 7. 工作台及场地脏乱扣 5~10 分		50	教师评价： 教师签名		
总　　分						

小提示

只有通过以上评价，才能继续学习哦！

1.5.3　确定并标注轴的几何公差

一、几何误差

在零件加工过程中，由于工件、刀具和机床的变形，相对运动关系的不准确，各种频率的震动，以及定位不准确等原因，不仅会使工件产生尺寸误差，还会使几何要素的实际形状和位置相对于理想形状和位置产生差异，这就是形状和位置误差（简称几何误差）。

1. 形状误差

经加工成形的零件，其实际形状与理想形状的偏离程度称为形状误差，如图 1-118 所示。

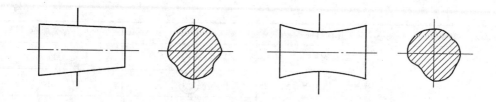

图 1-118　形状误差

2. 位置误差

经加工成形的零件，组成该零件的几何要素的实际位置与理想位置的偏离程度称为位置误差，如图 1-119 所示。

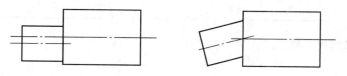

图 1-119　位置误差

二、几何公差的符号及代号

1. 几何公差的概念、分类

几何公差是零件几何特征的点、线、面等几何要素本身的形状精度和关联要素间的位置精度的最大允许变动量。

（1）形状公差　单一实际要素的形状所允许的变动全量。

（2）位置公差　关联实际要素的位置对基准所允许的变动全量。

2. 几何公差的符号（表 1-33）

表 1-33　几何公差的分类、项目及符号

公差类型	几何特征	符号	有无基准
形状公差	直线度	―	无
	平面度	▱	无
	圆度	○	无
	圆柱度	⌀	无
	线轮廓度	⌒	无
	面轮廓度	⌓	无
方向公差	平行度	∥	有
	垂直度	⊥	有
	倾斜度	∠	有
	线轮廓度	⌒	有
	面轮廓度	⌓	有

（续）

公差类型	几何特征	符号	有无基准
位置公差	位置度	⊕	有或无
	同心度（用于中心点）	◎	有
	同轴度（用于轴线）	◎	有
	对称度	≡	有
	线轮廓度	⌒	有
	面轮廓度	◠	有
跳动公差	圆跳动	↗	有
	全跳动	↗↗	有

3. 几何公差的代号与基准代号（图1-120）

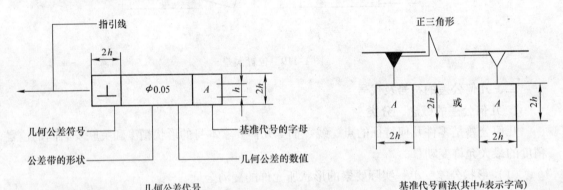

图1-120　几何公差代号、基准代号及画法

三、评定对象

1. 零件的几何要素

构成机械零件几何特征的点、线、面（图1-121）。

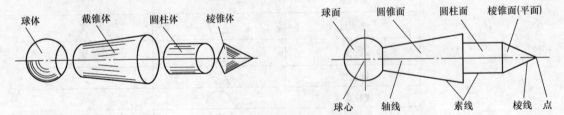

图1-121　零件的几何要素

2. 零件几何要素的分类

（1）按存在的状态分（图1-122）

1）公称要素指具有几何学意义的要素。公称要素是没有任何误差的纯几何要素，是按设计要求，由图样上给定的点、线、面的理想状态。在实际生产中是_____（A. 不可能 B. 可能）得到的。

2）实际要素指零件上实际存在的要素。测量时，用提取要素（测得要素）代替实际要素。

（2）按在几何公差中所处的地位分（图1-123）

1）被测要素指给出了形状或（和）位置公差的要素，分为：

① 单一要素：指在图样上仅对其本身给出形状公差要求的要素。

② 关联要素：指与零件上其他要素有功能关系的要素。

2）基准要素是用来确定被测要素的方向或（和）位置的要素。

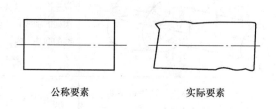
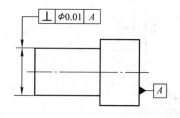

图1-122　公称要素与实际要素　　　　图1-123　被测要素与基准要素

（3）按几何特征分

1）组成要素指的构成零件轮廓的点、线、面。

2）导出要素指对称要素的中心点、线、面，或回转表面的轴线。导出要素随着组成要素的存在而存在。

四种要素之间的关系为：

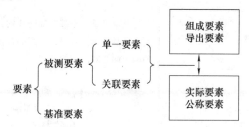

四、轴套类零件几何公差的公差带定义及解读（表1-34）

表1-34　轴套类零件几何公差公差带定义及解读

标注	公差带定义	解读
圆度 圆柱面的圆度公差为0.02mm 〇 0.02	公差带是同一正截面半径差为公差值0.02mm的两同心圆之间的区域 0.02	被测圆柱面在垂直于轴线的任一正截面上，实际圆必须位于半径差为公差值0.02mm的两同心圆之间
圆 圆柱面的圆柱度公差为0.05mm ⌀ 0.05	公差带是同一正截面半径差为公差值0.05mm的两同轴圆柱面之间的区域 0.05	被测圆柱面必须位于半径差为公差值0.05mm的两同轴圆柱面之间

（续）

标注	公差带定义	解读
同轴度 轴线对基准 A 的同轴度公差为 $\phi 0.1\text{mm}$	公差带是直径为公差值，且与基准轴线同轴的圆柱面内的区域	大圆柱面的轴线必须位于直径为公差值 $\phi 0.1\text{mm}$，且以基准轴线 A（小圆柱的轴线）为轴线的圆柱面内
对称度 键槽的中心平面对基准 B（轴线）的对称度公差为 0.05mm	公差带是距离为公差值，且相对于基准轴线对称配置的两平行平面之间的区域	键槽的中心平面必须位于距离为为公差值 0.05mm，且相对于通过基准轴线 B 的理想基准平面对称配置的两平行平面之间
径向圆跳动 圆柱面对基准 A（小圆柱轴线）的径向圆跳动公差为 0.05mm	公差带是垂直于基准轴线 A 的任一测量平面内半径差为公差值，且圆心在基准轴线上的两个同心圆之间的区域	被测圆柱面绕基准轴线 A 做无轴向移动回转一周时，在任一测量平面内的径向圆跳动量均不得大于公差值

五、零件几何公差的选择（表 1-35 ~ 表 1-38）

表 1-35　同轴度、对称度和跳动公差常用等级的应用举例

公差等级	应用举例
5	机床轴颈、机床主轴箱孔、套筒、测量仪器的测量杆、轴承座孔、汽轮机主轴、柱塞式液压泵转子、高精度轴承外圈、一般精度的轴承内圈等
6, 7	内燃机曲轴、凸轮轴轴颈、柴油机机体主轴承孔、水泵轴、液压泵柱塞、汽车后桥输出轴、安装一般精度齿轮的轴颈、涡轮盘、测量仪器的杠杆轴、电动机转子、普通滚动轴承内圈、印刷机墨辊的轴颈、键槽等
8, 9	内燃机凸轮轴孔、连杆小端铜套、齿轮轴、水泵叶轮、离心泵体、气缸套外径配合面对内径工作面、运输机械滚筒表面、压缩机十字头、安装低精度齿轮用轴颈、自行车中轴等

表1-36　同轴度、对称度、圆跳动、全跳动的公差值

主参数 d（D）BL /mm	公差等级											
	1	2	3	4	5	6	7	8	9	10	11	12
	公差值/μm											
≤1	0.4	0.6	1.0	1.5	2.5	4	6	10	15	25	40	60
>1～3	0.4	0.6	1.0	1.5	2.5	4	6	10	20	40	60	120
>3～6	0.5	0.8	1.2	2	3	5	8	12	25	50	80	150
>6～10	0.6	1	1.5	2.5	4	6	10	15	30	60	100	200
>10～18	0.8	1.2	2	3	5	8	12	20	40	80	120	250
>18～30	1	1.5	2.5	4	6	10	15	25	50	100	150	300
>30～50	1.2	2	3	5	8	12	20	30	60	120	200	400
>50～120	1.5	2.5	4	6	10	15	25	40	80	150	250	500

表1-37　圆度和圆柱度公差常用等级的应用举例

公差等级	应用举例
5	一般计量仪器主轴、测杆外圆柱面，一般机床主轴轴颈及轴承孔，柴油机、汽油机的活塞、活塞销，与P6级滚动轴承配合的轴颈等
6	一般机床主轴及前轴承孔，泵、压缩机的活塞、气缸，汽油发动机凸轮轴，减速传动轴轴颈，高速船用发动机曲轴、拖拉机曲轴主轴颈，与P6级滚动轴承配合的外壳孔，与P0级滚动轴承配合的轴颈等
7	大功率低速柴油机曲轴轴颈、活塞、活塞销、连杆、气缸，高速柴油机箱体轴承孔，千斤顶或液压缸活塞，机车传动轴，水泵及通用减速器转轴轴颈，与P0级滚动轴承配合的外壳孔等
8	低速发动机、大功率曲柄轴轴颈，压气机连杆盖、体，拖拉机气缸、活塞，内燃机曲轴轴颈，柴油机凸轮轴承孔，凸轮轴，拖拉机、小型船用柴油机气缸套
9	空气压缩机缸体，液压传动筒，通用机械杠杆与拉杆用套筒销子，拖拉机活塞环、套筒孔

表 1-38　圆度、圆柱度的公差值

主参数 d（D） /mm	公差等级											
	1	2	3	4	5	6	7	8	9	10	11	12
	公差值/μm											
≤3	0.2	0.3	0.5	0.8	1.2	2	3	4	6	10	14	25
>3～6	0.2	0.4	0.6	1	1.5	2.5	4	5	8	12	18	30
>6～10	0.25	0.4	0.6	1	1.5	2.5	4	6	9	15	22	36
>10～18	0.25	0.5	0.8	1.2	2	3	5	8	11	18	27	43
>18～30	0.3	0.6	1	1.5	2.5	4	6	9	13	21	33	52
>30～50	0.4	0.6	1	1.5	2.5	4	7	11	16	25	39	62
>50～80	0.5	0.8	1.2	2	3	5	8	13	19	3	46	74
>80～120	0.6	1	1.5	2.5	4	6	10	15	22	35	54	87

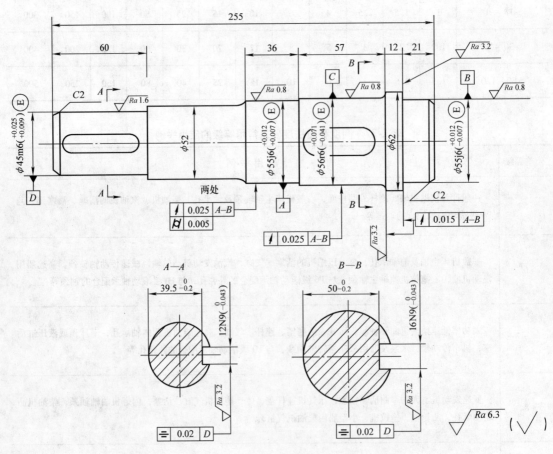

图 1-124　轴

六、几何公差选用举例（图 1-124）

1. "φ55j6" 圆柱面几何公差项目、等级和公差值的确定

从检测的方便性和经济性分析，可用径向圆跳动公差代替同轴度公差，参照表 1-35 确定公差等级为 7 级，查表 1-36，其公差值为 0.025mm。查表 1-26 和表 1-27 确定圆柱度公差等级为 6 级，公差值为 0.005mm。

2. "φ56r6" "φ45m6" 圆柱面几何公差项目、等级和公差值的确定

已规定了对 "2×φ55j6" 圆柱面公共轴线的径向圆跳动公差，公差等级仍取 7 级，公差值分别为 0.025mm 和 0.020mm。

3. 键槽几何公差项目、等级和公差值的确定

键槽 "12N9" 和键槽 "16N9" 查表 1-35，对称度公差数值均按 8 级给出，查表 1-36，其公差值为 0.02mm。

4. 轴肩几何公差等级和公差值的确定

轴肩公差等级取为 6 级，查表 1-36，其公差值为 0.015mm。

实施活动

确定并标注传动轴的几何公差

工作流程

1. 识别零件的几何要素

1）几何要素按其在几何公差中所处的在位分为_____要素和_____要素。

2）图 1-125a 所示的被测要素是_____，基准要素是_____。

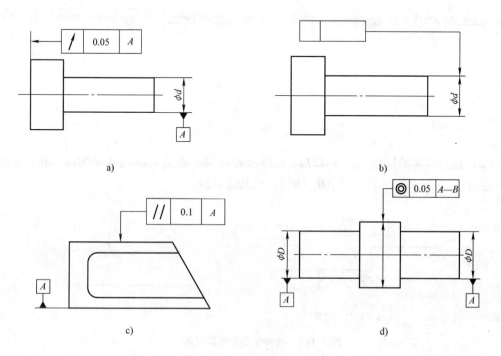

图 1-125　零件的几何要素

图 1-125b 所示的被测要素是_____，基准要素是_____。

图 1-125c 所示的被测要素是_____，基准要素是_____。

图 1-125d 所示的被测要素是_____，基准要素是_____。

2. 几何公差的项目、符号及含义

请将轴套类零件常用几何公差的项目、符号进行连线（表 1-39）。

表 1-39　连线

项目	符号	项目		符号
圆度	≡	平行度		⊔
圆柱度	◎	垂直度		//
同轴度	○	圆跳动		⊥
对称度	⌀	全跳动		↗

3. 几何公差的标注

（1）几何公差用框格标注　框格用_____实线画出，可画成水平或垂直，框高是尺寸数字高的_____倍，框格中的数字与图样中数字等高（图 1-126a）。将图 1-126b 所示各标注元素的名称及含义填于指定位置。

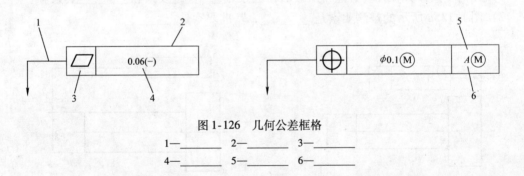

图 1-126　几何公差框格

1—_____　2—_____　3—_____

4—_____　5—_____　6—_____

（2）被测要素的标注　图 1-127a、b 所示的被测要素为轮廓面或轮廓线，指引线的箭头应指向_____（A. 轮廓线　B. 轴线）或其延长线。

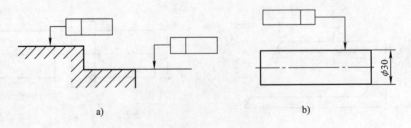

a)　　　　　　　　　　　　　　b)

图 1-127　被测要素为轮廓线的标注

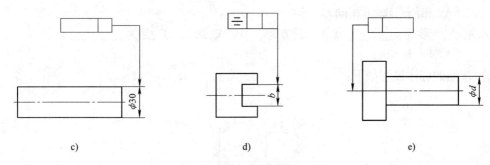

图 1-127　被测要素为轮廓线的标注（续）

图 1-127c、d、e 所示的被测要素为中心线、中心面或轴线点，箭头应位于相应尺寸线的延长线上，而指引线的箭头应与该要素的_____（A. 尺寸线　B. 轮廓线）对齐，或直接指向中心要素。

🔍 练一练

请选择图 1-128 所示几何公差分别按哪一种几何公差标注规定进行标注。

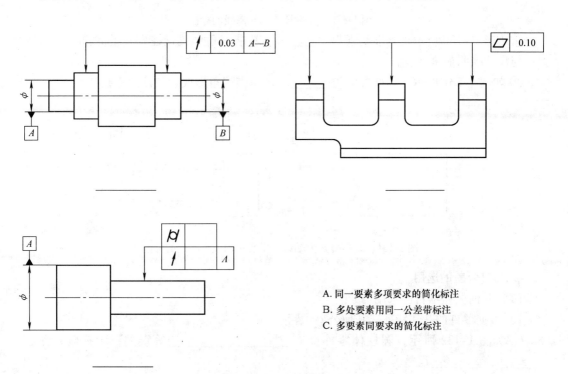

A. 同一要素多项要求的简化标注
B. 多处要素用同一公差带标注
C. 多要素同要求的简化标注

图 1-128　几何公差标注规定

（3）基准要素的标注

1）基准的符号如图 1-129 所示，说明如下：

① 基准三角形为_____（A. 正三角形 B. 等腰三角形），实心、空心的含义_____（A. 相同 B. 不相同）。

② 基准方形为_____（A. 正方形 B. 矩形），高度为_____，基准字高为_____（A. h B. 2h）。

2）基准的标注说明如下：

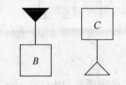

图 1-129 基准的符号

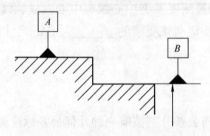

图 1-130 基准要素为轮廓线的标注

① 如图 1-130 所示，基准要素为_____，基准三角形放置在要素的轮廓线或延长线上，与尺寸线明显错开。

② 如图 1-131 所示，基准要素为_____，基准三角形放置在该尺寸线的延长线上。

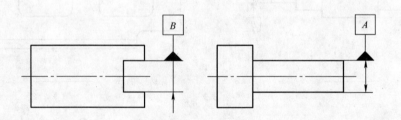

图 1-131 基准要素为轴线、中心平面或中心点的标注

4. 几何公差的选用

（1）几何公差项目的选用

1）根据零件的几何特征选几何公差项目。

① 如图 1-132 所示，圆柱体零件会有_____、_____等误差；阶梯轴、孔会有_____、_____误差。

② 如图 1-133a 所示，平面类零件会有_____、_____等误差。

③ 如图 1-133b 所示，圆锥类零件会有_____、_____等误差。

2）根据零件的使用要求选几何公差项目。只有对零件使用性能有显著的影响的误差项目，才规定几何公差。

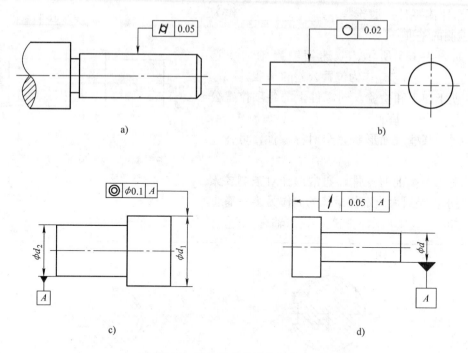

图 1-132　圆柱体零件的几何公差项目

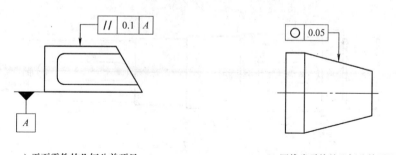

a) 平面零件的几何公差项目　　　　b) 圆锥类零件的几何公差项目

图 1-133　平面、圆锥类零件的几何公差项目

3）根据零件测量的方便性，选几何公差项目。

①阶梯轴、孔会产生同轴度误差，但同轴度检测困难，可用_____（A. 径向圆跳动　B. 圆柱度）或径向全跳动公差来代替同轴度公差。

②对于长度与直径之比较大的圆柱体，应标圆柱度误差，但难以检测。一般可用_____公差来代替圆柱度公差。

③根据几何公差的控制功能选项目。规定了定向公差，一般不再规定与其有关的形状公差。如对于同一被测要素规定了圆柱度公差，一般不再标_____公差；标注了位置度公差，则不再标注_____（A. 垂直度　B. 平行度）公差。径向圆跳动是同轴度误差与圆柱面形状误差的综合，故给出跳动公差值应略_____（A. 大于　B. 小于）同轴度公差值。

4）本活动中，减速箱输出轴的应选_____项目的几何公差。

（2）确定位置公差的基准的原则

1）在保证使用要求的前提下，应力求设计、加工、检测的基准统一（图 1-134）。

① 圆柱体零件一般选择________作为加工、检测的基准。

② 如图 1-135 所示，减速箱输出轴的应选________作为位置公差的基准。

2）便于加工和检验。同零件上的各项位置公差应采用______基准。

3）对于某些表面形状完全对称零件，可任选基准。

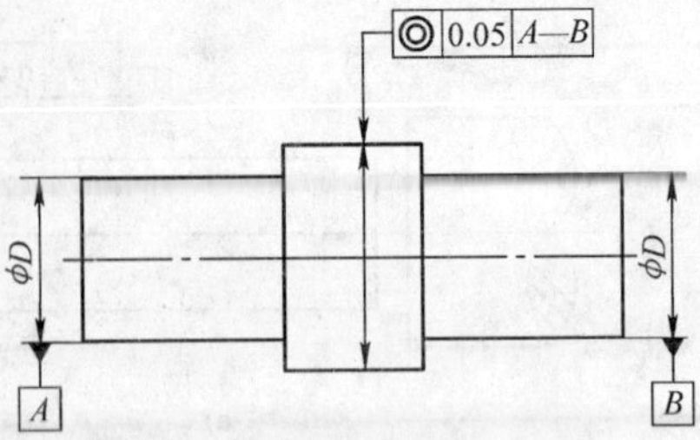

图 1-134　确定位置公差的原则

4）对于多基准的零件，通常选择对被测要素的使用要求影响最大或定位最稳的面作为第一基准。

5）如图 1-135 所示，减速器输出轴有______个基准，第一基准是________。

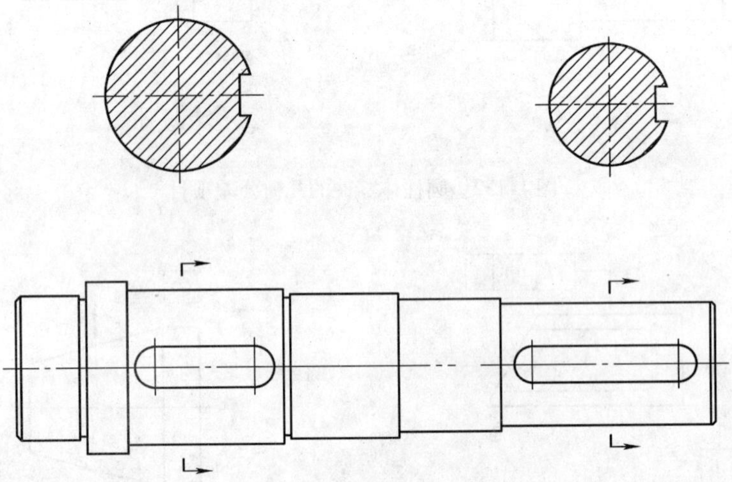

轴	序号	9	比例	1:4
	数量	1	材料	45

图 1-135　减速器输出轴

（3）确定几何公差等级和公差值

1）确定原则。在满足零件的使用要求的前提下，尽量选用较低的几何公差等级，以降低生产成本。

① 形状公差与方向、位置公差的关系为 $T_{形状} < T_{方向} < T_{位置}$。

② 几何公差和尺寸公差的关系为 $T_{形状} < T_{尺寸}$。

对于结构复杂，不易加工的零件，几何公差等级可比尺寸公差等级降低 1～2 级。

③ 几何公差与表面粗糙度的关系为 $Ra =（20\sim25）\% T_{形状}$。

④ 与某些标准件相结合时，选定的几何公差应符合相关规定。

如在选定与滚动轴承相配合的轴的几何公差时，除遵守几何公差国家标准外，还应遵守

_____公差标准。

2）几何公差等级和公差值通常采用类比法确定。确定步骤如下：

① 根据零件的尺寸公差等级确定其几何公差相对应的等级。如圆柱体结合件的尺寸公差等级选定为IT6、IT7、IT8，其几何公差值可选用相应的_____级。考虑实际加工，其几何公差在大致可确定为 $t_{形} = (0.25 \sim 0.5) \, T$。

② 根据计算的值，再采用与其接近的标准数值。

5. 完成减速器输出轴零件图几何公差的选定和标注

略。

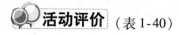 **活动评价**（表1-40）

表1-40　活动评价表

完成日期			工时	120min	总耗时		
任务环节	评分标准			所占分数	考核情况	扣分	得分
确定并标注传动轴的几何公差	1. 为完成本次活动是否做好课前准备（充分5分，一般3分，没有准备0分） 2. 本次活动完成情况（好10分，一般6分，不好3分） 3. 完成任务是否积极主动，并有收获（积极5分，积极但没收获3分，不积极但有收获1分）			20	自我评价： 学生签名		
	1. 准时参加各项任务（5分）（迟到者扣2分） 2. 积极参与本次任务的讨论（10分） 3. 为本次任务的完成，提出了自己独到的见解（5分） 4. 团结、协作性强（5分） 5. 超时扣5~10分			30	小组评价： 组长签名		
	1. 几何公差项目的选用，选错一次扣2分 2. 几何公差各项目等级的选用，错一处扣2分 3. 几何公差各项目公差值的选用，错一处扣2分 4. 几何公差标注不合理，错一处扣2分 5. 几何公差标注是否正确，错一处扣2分 6. 漏标、多标，一处扣2分 7. 违反安全操作规程扣5~10分 8. 工作台及场地脏乱扣5~10分			50	教师评价： 教师签名		
总　　分							

 小提示

只有通过以上评价，才能继续学习哦！

1.5.4 选择轴的材料

一、金属材料的性能

金属材料的性能是零件设计过程中选材的主要依据，也是在加工过程中合理选择加工方法、正确刃磨刀具、合理选择切削用量的重要保证。根据选项，请找出、并填写相对应的金属材料的性能。

$$
\text{金属材料的性能}
\begin{cases}
\text{使用性能}
\begin{cases}
\text{物理性能：磁性、\_\_\_\_、熔点、导热性、\_\_\_\_、导电性} \\
\text{化学性能：\_\_\_\_、抗氧化性、化学稳定性} \\
\text{力学性能：强度、塑性、硬度、冲击韧度、疲劳强度}
\end{cases} \\
\text{工艺性能：铸造性、_____、焊接性、_____、热处理性}
\end{cases}
$$

A. 密度　　B. 耐蚀性　　C. 热膨胀性　　D. 切削加工性　　E. 可锻性

二、金属材料的力学性能

材料的力学性能是指材料在外加载荷作用下所表现出来的特性。

1. 强度

强度是指金属材料在静载荷作用下抵抗塑性变形和_____（A. 断裂　B. 弹性变形）的能力。

（1）力–伸长曲线　强度指标一般可以通过金属拉伸试验来测定。试验过程是把标准试样装夹在试验机（图1-136）上，然后对试样缓慢施加拉力，使之不断变形直到拉断为止。在此过程中，试验机能自动绘制出载荷 F 和试样变形量 ΔL 的关系曲线。此曲线称为拉伸曲线。图1-137所示为低碳钢的拉伸曲线，图中纵坐标表示载荷，单位为 N；横坐标表示绝对伸长量 ΔL，单位为 mm。图中各阶段的特点见表1-41。

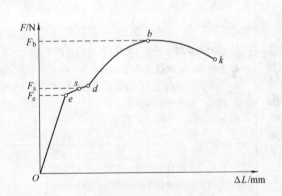

图1-136　拉伸试验机　　　　　图1-137　低碳钢的力–伸长曲线

表1-41　拉伸曲线的变形阶段及特点

变形阶段	特　　点
Oe：弹性变形阶段	试样变形完全是弹性的，此时如果卸载，试样即恢复原状。这种随载荷的存在而产生、随载荷的去除而消失的变形称为弹性变形。F_e 为发生最_____（A. 大　B. 小）_____（A. 弹性　B. 塑性）变形时的载荷
es：屈服阶段	拉伸力不增加或略有减小，变形却继续增加的现象称为屈服。F_s 为屈服载荷。屈服现象发生后，材料开始出现明显的_____（A. 塑性　B. 弹性）变形（不能随载荷的去除而消失的变形）

（续）

变形阶段	特　点
sb：强化阶段	随着变形增大，变形抗力也逐渐_____（A. 增大　B. 减小），这种现象称为形变强化（或称加工硬化）。F_b 为试样在屈服阶段后所能抵抗的最大载荷
bk：缩颈阶段（局部塑性变形阶段）	试样的某一直径处发生局部收缩，称为"缩颈"。此时截面缩小，变形继续在此截面发生，所需外力也随之逐渐_____（A. 降低　B. 增大），直到断裂

（2）强度指标　材料受到外力作用会发生变形，同时在材料内部产生一个抵抗变形的力称为内力。单位面积上的内力称为应力，单位为 Pa（帕）。重要的强度指标如下：

1）屈服强度：当金属材料产生屈服现象时，材料发生_____（A. 塑性　B. 弹性）变形而力不增加的应力点，分为上屈服强度 R_{eH} 和下屈服强度 R_{eL}。

$$R_{eH} = \frac{F_{eH}}{S_o} \quad R_{eL} = \frac{F_{eL}}{S_o}$$

式中　R_{eH}、R_{eL}——试样的上、下屈服强度（MPa）；

　　　F_{eH}、F_{eL}——试样屈服时的最大、最小载荷（N）；

　　　S_o——试样原始横截面面积（mm^2）。

除低碳钢、中碳钢及少数合金钢有屈服现象外，大多数金属材料没有明显的屈服现象，如图 1-138 所示。因此，这些材料规定用产生 0.2% 残余伸长时的应力作为屈服强度称为规定非比例延伸强度，计为 $R_{p0.2}$。脆性材料的屈服点 $R_{p0.2} = \dfrac{F_{0.2}}{S_o}$。

2）抗拉强度：材料在断裂前所能承受的最大载荷的应力。

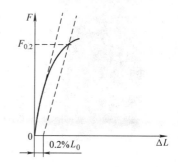

图 1-138　铸铁的力－伸长曲线

$$R_m = \frac{F_b}{S_o}$$

式中　R_m——试样的抗拉强度（MPa）；

　　　F_b——试样屈服后所能抵抗的最大力（N）；

　　　S_o——试样原始横截面面积（mm^2）。

2. 塑性

断裂前金属材料产生永久变形的能力称为塑性。通过拉伸试验测得的常用塑性指标有：

1）断后伸长率 A：试样拉断后，标距的伸长量与原始标距之比的百分率。

$$A = \frac{L_u - L_o}{L_o} \times 100\%$$

式中　L_o——试样原始的标距长度（mm）；

　　　L_u——试样拉断后的标距长度（mm）。

2）断面收缩率 Z：试样拉断后，缩颈处面积变化量与原始横截面面积比值的百分率。

$$Z = \frac{S_o - S_u}{S_o} \times 100\%$$

式中 S_o——试样原始的横截面面积（mm²）；

S_u——试样拉断后的标距长度（mm²）。

金属材料的断后伸长率和断面收缩率越高，其塑性_____（A. 越好 B. 越差）。塑性好的材料易于变形加工，而且在受力过大时，首先发生塑性变形而不致突然断裂，因此比较安全。

3. 硬度

硬度是指材料抵抗局部变形特别是塑性变形、压痕或划痕的能力。它是衡量材料软硬程度的指标。硬度越高，材料的耐磨性越_____（A. 好 B. 差）。机械加工中所用的刀具、量具、模具，以及大多数机械零件都应具备足够的硬度，以保证使用性能和寿命，否则容易因磨损而失效。

常用来测定硬度的方法有布氏硬度试验法、_____硬度试验法和_____硬度试验法（图1-139）。

布氏硬度试验机

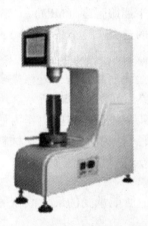
洛氏硬度试验机

维氏硬度试验机

图1-139 硬度试验

分析表1-42知，在工程中广泛应用的是_____硬度，其符号是_____，试验压头材料是_____球，适用于_____、_____及_____材料，优点是_____，缺点是_____。

表1-42 硬度实验比较

实验	压头材料	压头形状	硬度计算公式	应用范围	优缺点
布氏硬度	硬质合金球		$HBW = \dfrac{F}{S}$ $= 0.102 \dfrac{2F}{\pi D \left(D - \sqrt{D^2 - d^2}\right)}$	测定铸铁、非铁金属，以及退火、正火、调质处理后的各种软钢等硬度较低的材料	较准确地反映出材料的平均性能，工程上广泛应用；不适用于测高硬度材料，压痕较大，不宜测量成品及薄壁零件

（续）

实验	压头材料	压头形状	硬度计算公式	应用范围	优缺点
洛氏硬度	金刚石圆锥体	120° h	$HR = 100 - \dfrac{h}{0.002}$	HRC 用于一般淬火钢件，HRA 用于硬质合金、表面淬火钢	操作简单迅速，能直接从刻度盘上读出硬度值；压痕较小，可测成品及较薄工件；可测从很软到很硬的金属材料。但由于压痕小，测量值的代表性差，一般需在不同的部位测试几次，取平均值代表材料硬度
	淬火钢球	h	$HR = \dfrac{0.26 - h}{0.002}$	HRC 用于软钢、退火钢、铜合金	
维氏硬度	金刚石正四棱锥体	136°	$HV = 0.1891\dfrac{F}{d^2}$	适应于精密仪表中的薄件、小件及镀层、渗碳、渗氮层等的硬度测定。更适于进行材料金相组织及脆性材料的硬度测量	试验力小，压痕较浅，可测较薄材料；因维氏硬度值具连续性，可测很软到很硬的各种硬度，且准确性高。但对试件表面质量要求较高

4. 冲击韧度

金属材料抵抗冲击载荷作用而不破坏的能力称为冲击韧度。

冲击韧度的测定方法，如图 1-140 所示。

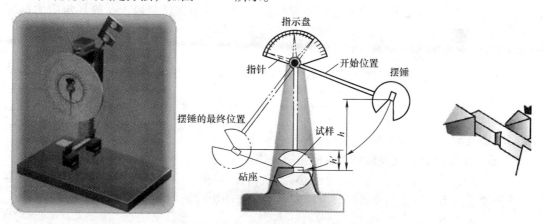

图 1-140　冲击试验示意图

金属材料受大能量的冲击载荷作用时，其冲击抗力主要取决于冲击韧度的大小，而在小能量多次冲击条件下，其冲击抗力主要取决于材料的强度和塑性。

5. 疲劳强度

（1）疲劳的概念　随时间作周期性变化的应力称为交变应力（也称循环应力）。零件所承受的交变应力数值小于材料的屈服强度，但在长时间工作后会产生裂纹或实然发生完全断裂，这种现象称为疲劳断裂。

（2）疲劳破坏的特征

1）疲劳断裂时并没有明显的宏观塑性变形，断裂前_____（A. 没有　B. 有）预兆，而是_____（A. 突然　B. 缓慢）破坏。

2）引起疲劳断裂的应力很_____（A. 低　B. 高），常常_____（A. 低　B. 高）于材料的屈服点。

3）疲劳破坏的宏观断口由两部分组成，即疲劳裂纹的策源地及扩展区（光滑部分）和最后断裂区（粗糙部分），如图 1-141 所示。

（3）疲劳曲线和疲劳极限

疲劳曲线是指交变应力与循环次数的关系曲线，如图 1-142 所示。曲线表明，金属承受的交变应力 σ 越小，则断裂前的应力循环次数 N _____（A. 越多　B. 越少）。

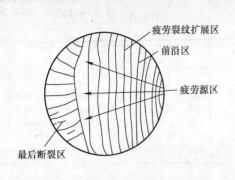

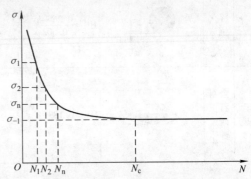

图 1-141　疲劳断裂宏观断口示意图　　　　图 1-142　疲劳曲线示意图

金属材料在无限多次交变应力作用下而不破坏的最大应力称为疲劳极限，以符号 σ_{-1} 表示。

实际上，金属材料不可能作无数次交变载荷试验。对于钢铁材料，一般规定应力循环 10^7 周次而不断裂的最大应力为疲劳极限，非铁金属、不锈钢等取 10^8 周次。

（4）提高疲劳极限的途径

1）设计方面：尽量使零件避免交角、缺口和截面突变，以避免应力集中及其所引起的疲劳裂纹。

2）材料方面：通常应使晶粒细化，减少材料内部存在的夹杂物和由于热加工不当引起的缺陷。如疏松、气孔和表面氧化等。

3）机械加工方面：要降低零件表面粗糙度值。

4）零件表面强化方面：可采用化学热处理、表面淬火、喷丸处理和表面涂层等，使零件表面造成压应力，以抵消或降低表面拉应力引起疲劳裂纹的可能性。

三、铁碳合金

1. 合金

合金是一种金属元素与其它金属元素或非金属元素通过熔炼或其他方法结合而成的具有金属特性的物质。

（1）组元或元　组成合金的最基本的独立物质称为组元或元。

（2）相　在合金中成分、结构及性能相同的的组成部分称为相。

（3）组织　合金中不同相之间相互组合配置的状态称为组织。

2. 合金的组织

根据合金中各组元之间结合方式的不同，合金的组织可分为固溶体、金属化合物和混合物三类。

3. 铁碳合金的基本组织与性能

钢铁是现代工业中应用最广泛的合金，它们均是以铁和碳为基本组元的合金，故又称为铁碳合金。由于钢铁材料的成分（含碳量）不同，因而其组织、性能和应用场合也不同。铁碳合金的基本组织有五种，它们分别是_____、_____、渗碳体、珠光体和莱氏体（表1-43）。

表1-43 铁碳合金基本组织的性能及特点

组织名称	符号	定义	碳的质量分数（%）	存在温度区间	性能特点
铁素体	F	碳溶解在 $\alpha-Fe$（体心立方晶格）中形成的间隙固溶体	~0.0218	室温~912℃	具有良好的塑性、韧性，较低的强度和硬度
奥氏体	A	碳溶解在 $\gamma-Fe$（面心立方晶格）中形成的间隙固溶体	~2.11	727℃以上	强度、硬度虽不高，却具有良好的塑性，尤其是具有良好的锻压性能
渗碳体	Fe_3C	碳的质量分数为6.69%的铁与碳的金属化合物。具有复杂的斜方晶格	6.69	室温~1227℃	高熔点、高硬度，塑性和韧性几乎为零，脆性极大
珠光体	P	铁素体和渗碳体的混合物	0.77	室温~727℃	强度较高，硬度适中，有一定的塑性，具有较好的综合力学性能
莱氏体	Ld'	珠光体和渗碳体的混合物	4.3	室温~727℃	性能接近于渗碳体，硬度很高，塑性、韧性极差
	Ld	奥氏体和渗碳体的混合物		727~1148℃	

四、铁碳合金相图

1. $Fe-Fe_3C$ 相图

$Fe-Fe_3C$ 相图如图1-143所示，图中各特性点及特性线的含义分别见表1-44、表1-45。

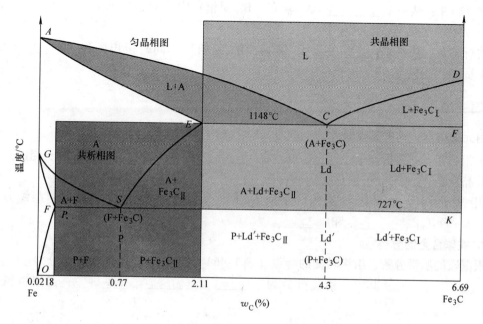

图 1-143 $Fe-Fe_3C$ 相图

表 1-44　Fe – Fe₃C 相图中的特性点

点的符号	温度/℃	含碳量（%）	含义
A	1538	0	纯铁的熔点
C	1148	4.3	共晶点，L⇌Ld（A + Fe₃C）
D	1227	6.69	渗碳体的熔点
E	1184	2.11	碳在奥氏体（γ – Fe）中的最大溶解度点
G	912	0	纯铁的同素异构转变点，α – Fe⇌γ – Fe
S	727	0.77	共析点，A⇌P（F + Fe₃C）
P	727	0.0218	碳在铁素体（α – Fe）中的最大溶解度点

表 1-45　Fe – Fe₃C 相图中的特性点线

特性线	含　义
ACD	液相线，此线之上为液相区域，线上点为对应不同成分合金的结晶开始温度
AECF	固相线，此线之下为固相区域，线上点为对应不同成分合金的结晶终了温度
GS	A₃ 线，冷却时从不同含碳量的奥氏体中析出铁素体的开始线
ES	A_cm 线，碳在奥氏体（γ – Fe）中的溶解度曲线
ECF	共晶线，L⇌Ld（A + Fe₃C）
PSK	共析线，也称 A₁ 线，A⇌P（F + Fe₃C）

🔍 比一比

共晶转变：从一个＿＿＿＿＿＿＿（A. 液相　B. 固相）中同时结晶出两种＿＿＿＿＿＿＿（A. 液相　B. 固相）的转变。

共析转变：从一个＿＿＿＿＿＿＿（A. 液相　B. 固相）中同时析出两种＿＿＿＿＿＿＿（A. 液相　B. 固相）的转变。

🔍 填一填

组元的熔点：铁的熔点是＿＿＿＿＿＿＿点，Fe₃C 的熔点是＿＿＿＿＿＿＿点。

三相共存点：共析点是＿＿＿＿＿＿＿点，有＿＿＿＿＿＿＿、＿＿＿＿＿＿＿、＿＿＿＿＿＿＿三种组织。

共晶点是＿＿＿＿＿＿＿点，有＿＿＿＿＿＿＿、＿＿＿＿＿＿＿、＿＿＿＿＿＿＿三种组织。

相图中的相区：单相区，组织分别是 L、F、＿＿＿＿＿＿＿和 Fe₃C。两相区，组织分别是 L + A、L + Fe₃C_I、＿＿＿＿＿＿＿和＿＿＿＿＿＿＿。

2. 铁碳合金的分类

根据碳的质量分数、组织转变的特点（表 1-46）及室温组织，铁碳合金分为＿＿＿＿＿＿＿、＿＿＿＿＿＿＿、＿＿＿＿＿＿＿。其中，钢又可分为＿＿＿＿＿＿＿、＿＿＿＿＿＿＿、＿＿＿＿＿＿＿；白口铸铁分为＿＿＿＿＿＿＿、＿＿＿＿＿＿＿、＿＿＿＿＿＿＿。

表1-46　合金的分类、组织及特性

合金		碳的质量分数（%）	室温组织	性能特点
工业纯铁		~0.0218	F	强度、硬度低，塑性很好
钢	亚共析钢	0.0218~0.77	F+P	随碳的质量分数增大，强度、硬度逐渐提高，有较好的塑性和韧性
	共析钢	0.77	P	强度较高，硬度适中，具有一定的塑性和韧性
	过共析钢	0.77~2.11	$P+Fe_3C_{II}$	硬度较高，塑性差，随网状二次渗碳体增加，强度降低
白口铸铁	亚共晶白口铸铁	2.11~4.3	$P+Fe_3C_{II}+Ld'$	硬度高，脆性大，几乎没有塑性
	共晶白口铸铁	4.3	Ld'	
	过共晶白口铸铁	4.3~6.99	$Ld'+Fe_3C_I$	

3. 典型铁碳合金结晶过程分析

（1）共析钢　如图1-144所示，合金 I 为碳的质量分数_____%的共析钢。在1点温度以上为_____相；在1~2温度之间，发生结晶反应，从_____相中结晶出_____相；在2~3点温度之间，为单相_____，只有温度的降低；在3点（S点）时到达共析温度（727℃），奥氏体发生_____反应，生成_____组织；3点以下直到室温，合金温度降低，为_____组织。

所以，共析钢的室温组织是_____。

合金的组织按下列顺序变化：

$$L \rightarrow L+A \rightarrow A \rightarrow P \ (F+Fe_3C)$$

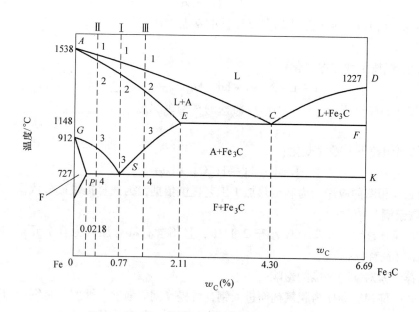

图1-144　典型合金在 $Fe-Fe_3C$ 相图中的位置

（2）亚共析钢　如图 1-144 所示，合金 Ⅱ 是碳的质量分数为 0.45% 的亚共析钢。液态合金冷却到 1 点时开始结晶出_____，到 2 点结晶完毕，2～3 点为单相_____组织；3 点时，从_____中开始析出_____，当温度降至 4 点时，奥氏体中碳的质量分数达到 0.77%，此时剩余奥氏体发生共析转变，转变在_____；4 点以下至室温，合金组织基本上不发生变化。

所以，亚共析钢的室温组织是_____
____。

合金的组织按下列顺序变化

$$L \rightarrow L + A \rightarrow A \rightarrow \text{_____} \rightarrow \text{_____}$$

（3）过共析钢　如图 1-144 所示，合金 Ⅲ 是碳的质量分数为 1.2% 的过共析钢。液态合金冷却到 1 点时，开始结晶出奥氏体，到 2 点结晶完毕；2 点到 3 点间为单相奥氏体；当合金冷却到 3 点时，奥氏体中碳的质量分数达到饱和，继续冷却，碳以_____形式从奥氏体中析出，称为二次渗碳体，沿奥氏体晶界呈网状分布。当温度降至 4 点，剩余奥氏体中的含碳量达到 0.77%，发生共析转变，奥氏体转变为珠光体；4 点以下至室温，合金组织基本不发生变化。

所以，过共析钢的室温组织是_____
____。

合金的组织按下列顺序变化：

$$L \rightarrow L + A \rightarrow A \rightarrow \text{_____} \rightarrow \text{_____}$$

（4）共晶白口铸铁（碳的质量分数为 4.3%）　共晶白口铸铁的室温组织是_____
_____。

合金的组织按下列顺序变化：

$$L \rightarrow Ld \rightarrow Ld'$$

（5）亚共晶白口铸铁　亚共晶白口铸铁的室温组织是_____
_____。

合金的组织按下列顺序变化：

$$L \rightarrow L + A \rightarrow A + Ld + Fe_3C_{II} \rightarrow \text{_____}$$

（6）过共晶白口铸铁　过共晶白口铸铁的室温组织是_____
_____。

合金的组织按下列顺序变化：

$$L \rightarrow L + Fe_3C_I \rightarrow Fe_3C_I + Ld \rightarrow \text{_____}$$

$Fe - Fe_3C$ 相图的应用：为制定热加工工艺提供依据，为选材提供成分依据。

五、碳素钢

碳的质量分数大于 0.0218% 小于 2.11%，且不含有特意加入为合金元素的铁碳合金，称为碳素钢（简称碳钢）。

1. 常存元素对钢的性能的影响

（1）硅　炼钢后期作为脱氧剂而进入钢，可提高钢的强度、硬度，是钢中的有益元素。

（2）锰　是炼钢脱氧剂，可提高钢的强度与硬度，是钢中的有益元素。

（3）硫　由生铁带入，对钢造成热脆性，是钢中的有害元素。

（4）磷　由生铁带入，对钢造成冷脆性，是钢中的有害元素。

2. 碳素钢的分类（表1-47）

表1-47　碳素钢的分类

按碳的质量分数分类	低碳钢	$w_C \leqslant 0.25\%$
	中碳钢	$0.25\% < w_C < 0.60\%$
	高碳钢	$w_C > 0.60\%$
按质量分类	普通钢	$w_S \leqslant 0.050\%$，$w_P \leqslant 0.045\%$
	优质钢	$w_S \leqslant 0.035\%$，$w_P \leqslant 0.035\%$
	高级优质钢	$w_S \leqslant 0.025\%$，$w_P \leqslant 0.025\%$
按用途分类	结构钢	用于制造各种机械零件和工程构件，其碳的质量分数一般小于0.70%
	工具钢	用于制造各种刀具、模具和量具等，其碳的质量分数一般大于0.70%
按冶炼时脱氧程度的不同分类	沸腾钢	脱氧程度不完全的钢
	镇静钢	脱氧程度完全的钢
	半镇静钢	脱氧程度介于沸腾钢和镇静钢之间的钢

3. 碳素钢的牌号及用途

（1）（普通）碳素结构钢　碳素结构钢是工程中应用最多的钢种，其产量约占钢总产量的70%~80%。碳素结构钢的杂质和非金属夹杂物较多，但冶炼容易，工艺性好，价格便宜，产量大，在性能上能满足一般工程结构及普通零件的要求，因而应用普遍，常用于厂房、桥梁、船舶等的建造，或制造一些受力不大的机械零件，如铆钉、螺钉、螺母等。其牌号组成如下：

前缀符号 + 质量等级符号 + 脱氧方法符号

1）前缀符号为 Q + 屈服强度值（单位为 MPa）。

2）质量等级符号分为 A、B、C、D 级，从 A 到 D 依次提高。

3）脱氧方法符号（必要时）如下：F 表示沸腾钢、Z 表示镇静钢、TZ 表示特殊镇静钢，Z 与 TZ 符号在钢号组成表示方法予以省略。

碳素结构钢的牌号示例如图 1-145 所示。

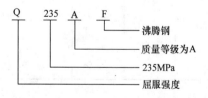

图 1-145　碳素结构钢牌号举例

（2）优质碳素结构钢　优质碳素结构钢的牌号用两位数表示，表示钢平均碳的质量分数的万分之几。例如，45 表示平均含碳的质量分数为 0.45% 的优质碳素结构钢；08F 表示平均含碳的质量分数为 0.08% 的优质碳素结构钢中的沸腾钢；45Mn 表示锰的质量分数较高的优质碳素结构钢。

优质碳素结构钢的牌号、分类、特点及应用见表1-48。

表1-48　优质碳素结构钢牌号、分类、特点及应用

牌号	分类	特点	应用
08~25	低碳钢	强度、硬度较低，塑性、韧性及焊接性能良好	用于制造冲压件、焊接结构件及强度要求不高的机械零件、渗碳件，如小轴、法兰盘
30~55	中碳钢	具有较高的强度和硬度，其塑性和韧性随碳的质量分数的增加而逐步降低，切削性能良好。经调质后，有较好的综合力学性能	用于制造受力较大的机械零件，如连杆、曲轴、齿轮和联轴器等
60以上	高碳钢	较高的强度、硬度和弹性，但焊接性能不好，切削性能稍差，冷变形塑性差	制造具有较高强度、耐磨性和弹性的零件，如弹簧、垫圈、螺旋弹簧等

（3）碳素工具钢　碳素工具钢用于制造刀具、模具和量具。由于大多数工具都要求高硬度和高耐磨性，故碳素工具钢的碳的质量分数均在0.70%以上，都是优质钢或高级优质钢。牌号表示方法为T+数字，数字表示钢中平均碳的质量分数的千分之几，如图1-146所示。碳素工具钢牌号、化学成分及应用见表1-49。

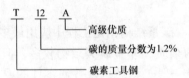

图1-146　碳素工具钢牌号举例

表1-49　碳素工具钢牌号、化学成分及应用

牌号	化学成分质量分数（%）					应用举例
	C	Mn	Si	S	P	
T7	0.65~0.74	≤0.40				受冲击，有较高硬度和耐磨性要求的工具，如木工用的錾子、锤、钻头、模具等
T8	0.75~0.84					
T8Mn	0.80~0.90	0.40~0.60				
T9	0.85~0.94	≤0.40	≤0.35	≤0.03	≤0.035	受中等冲击载荷的工具和耐磨机件，如刨刀、冲模、丝锥、板牙、锯条、卡尺等
T10	0.95~1.04					
T11	1.05~1.14					
T12	1.15~1.24					不受冲击，而要求有较高硬度的工具和耐磨机件，如钻头、锉刀、刮刀、量具
T13	1.25~1.34					

试一试

T8属于_____钢，其牌号的含义_____，主要用途是_____。

（4）铸造碳钢　铸造用碳钢一般用于制造形状复杂、力学性能要求较高的机械零件。这些零件形状复杂，很难用锻造或机械加工的方法制造，又由于力学性能要求较高，不能用铸铁来铸造。铸造碳钢广泛用于制造重型机械的某些零件，如轧钢机机架、水压机横梁、锻锤和砧座等。

铸造碳钢中碳的质量分数一般为 0.20% ~ 0.60%，如果碳的质量分数过高，则塑性变

_____（A. 差 B. 好），而且铸造时易产生裂纹。其牌号表示方法为 ZG + 两组数字，第一组数字代表屈服强度，第二组数字代表抗拉强度。例如，ZG270 – 500 表示屈服强度不小于 270MPa，抗拉强度不小于 500MPa 的铸造碳钢。铸造碳钢的牌号、特点及应用见表 1-50。

表 1-50 铸造碳钢牌号、特点及应用

牌号	特点	应用
ZG200 – 400	良好的塑性、韧性和焊接性	用于受力不大，要求具有一定韧性的零件，如机座、变速箱体
ZG230 – 450	有一定强度和较好的塑性、韧性，焊接性良好，切削性能尚可	用于受力不大，要求具有一定韧性的零件，如砧座、轴承盖、外壳、阀体、底板等
ZG270 – 500	具有较高的强度和较好的塑性，铸造性能良好，焊接性较差，切削性能良好，是用途较广的铸造碳钢	作轧钢机机架、连杆、箱体、缸体、曲轴、轴承座
ZG310 – 570	强度和切削性能良好，塑性、韧性较差	用于负荷较高的零件，如大齿轮、缸体、制动轮
ZG340 – 640	高的强度、硬度和耐磨性，切削性能中等，焊接性差，焊接性差，裂纹敏感性大	用于齿轮、棘轮

 实施活动 分析传动轴的材料

步骤一：分组完成拉伸实验并填写实验报告

一、工具/仪器

拉伸实验机、纪录纸、游标卡尺。

低碳钢和铸铁试样各一，试样的直径 $d = 10mm$，标距长度取 $L_0 = 50mm$，如图 1-147 所示。

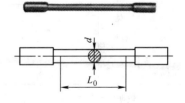

图 1-147 拉伸试样

二、工作流程（表 1-51）

表 1-51 工作流程

实验上机前	测量低碳钢和铸铁试样的原始直径 d_0；在标距 L_0 中央及两条标距线附近各取一截面进行测量，每截面相互垂直方向测量两次取其平均值，S_0 采用最小截面直径的平均值进行计算
	测定低碳钢试样的标距 L_0
上机实验	安装试样保证对中，力盘（或放大器）预调平衡
	安装记录纸，调整曲线的记录装置，确定曲线的起始点，落笔
	开机加载，加载速度一般 ≤2mm/min，曲线进入强化阶段后允许适当提高加载速度
	观察 $F – \Delta l$ 拉伸曲线
试样断裂后	取下记录纸
	测量低碳钢试样断口最细部位的直径 d_1（相互垂直方向测两次取平均值），将断后试样对接后，测量拉断后试样的标距 L_u
	观察低碳钢、铸铁的断口形貌和组织状态并绘制断口图

三、填写实验报告（表1-52）

表1-52　实验报告

实验名称：＿＿＿＿＿＿＿＿　实验日期：＿＿月＿＿日　班次：＿＿＿＿＿

报告人：＿＿＿＿＿＿＿＿＿　小组成员：＿＿＿＿＿＿＿＿＿＿＿＿＿＿

一、实验目的：＿＿＿＿＿＿＿＿＿＿＿＿＿＿＿＿＿＿＿＿＿＿＿＿＿＿

二、实验设备（机、仪器、量具的名称型号）＿＿＿＿＿＿＿＿＿＿＿＿＿

三、原始数据及试验结果

1. 试件尺寸

材料	标距 L_0 /mm	实验前									最小横截面面积 S_o /mm²
		直径 d/mm									
		截面 I			截面 II			截面 III			
		1	2	平均	1	2	平均	1	2	平均	
低碳钢											
铸铁											

材料	标距 L_0 /mm	实验后							断口处最小横截面面积 S_u /mm²
		断口处直径 d_1/mm							
		左段			右段				
		1	2	平均	1	2	平均	
低碳钢									

2. 实验数据处理

材料	实验数据		实验结果	
低碳钢	屈服时的最小载荷 $F_s=$　　kN		下屈服强度 $R_{eL}=$　　MPa	
	屈服后的最大载荷 $F_b=$　　kN		抗拉强度 $R_m=$　　MPa	
	力-伸长曲线		断后伸长率 $A=$　　%	
			断面收缩率 $Z=$　　%	
			试样形状	拉伸前：
				拉伸后：
铸铁	拉断前的最大载荷 $F_b=$　　kN		抗拉强度 $R_m=$　　MPa	
	力-伸长曲线		试样形状	拉伸前：
				拉伸后：

步骤二：根据所掌握的金属材料的知识，分析并选择减速器中轴类零件的材料

一、工具/仪器

机械设计手册、计算器。

二、工作流程（选材原则）

1. 使用性能原则

使用性能主要是指零件在使用状态下材料应该具有的力学性能、物理性能和化学性能。对大量生产的机器零件和工程构件，则主要是力学性能。

1）分析减速器轴的工作条件和失效形式，确定零件对使用性能的要求（表1-53）。

表1-53　常用零件的工作和失效形式

零件	工 作 条 件			常见的失效形式	要求的主要力学性能
	应力种类	载荷性质	受载状态		
紧固螺栓	拉、剪应力	静载	—	过量变形，断裂	强度，塑性
传动轴	弯、扭应力	循环，冲击	轴颈摩擦，振动	疲劳断裂，过量变形，轴颈磨损	综合力学性能
传动齿轮	压、弯应力	循环，冲击	摩擦，振动	齿折断，磨损，疲劳断裂，接触疲劳点蚀	表面高强度及疲劳极限，心部强度、韧性
弹簧	扭、弯应力	交变，冲击	振动	弹性失稳，疲劳破坏	弹性极限，屈强比，疲劳极限
冷作模具	复杂应力	交变，冲击	强烈摩擦	磨损，脆断	硬度，足够的强度，韧性

由表1-53可见轴主要承受_____应力，载荷性质是_____，常见的失效形式有_____，要求的主要力学性能是_____。

2）利用使用性能与实验性能的相应关系，将使用性能具体转化为实验室力学性能指标。

3）根据零件的几何形状、尺寸及工作中所承受的载荷，计算出零件中的应力分布。

4）由工作应力、使用寿命或安全性与实验室性能指标的关系，确定对实验性能指标要求的具体数值；利用手册根据使用性能选材。

2. 工艺性能原则

材料的工艺性能应满足生产工艺的要求，方便加工，这是选材必须考虑的问题。金属材料加工的工艺路线复杂，而且变化多，不仅影响零件的成形，还大大影响其最终性能，如图1-148所示。

1）性能要求不高的一般金属零件选材的工艺路线如下：毛坯→正火或退火→切削加工→零件。

2）性能要求较高的金属零件选材的工艺路线如下：毛坯→预先热处理（正火、退火）

→粗加工→最终热处理（淬火、回火，固溶时效或渗碳处理等）→精加工→零件。

　　3）性能要求较高的精密金属零件选材的工艺路线如下：毛坯→预先热处理（正火、退火）→粗加工→最终热处理（淬火、低温回火、固溶、时效或渗碳）→半精加工→稳定化热处理或氮化→精加工→稳定化热处理→零件。

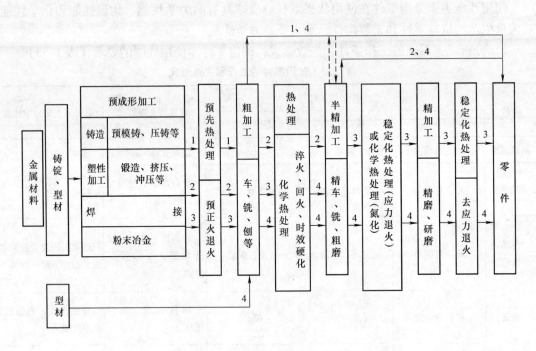

图 1-148　金属材料的加工工艺路线

这类零件除了要求有较高的使用性能外，还要有严格的尺寸精度和表面粗糙度要求。

减速器轴属于_____的金属零件。

　　A. 性能要求不高的一般金属零件　　B. 性能要求较高的金属零件　　C. 性能要求较高的精密金属零件

　　制定出减速器轴的选材工艺路线_____

_____

_____

_____。

3. 经济性原则

　　材料的价格与零件的总成本，零件的总成本与其使用寿命、重量、加工费用、研究费用、维修费用和材料价格有关。

　　综合以上原则，减速器轴选用的材料是_____

_____。

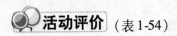（表1-54）

表 1-54　活动评价表

完成日期			工时	120min	总耗时		
任务环节		评 分 标 准	所占分数	考核情况		扣分	得分
选择传动轴的材料		1. 为完成本次活动是否做好课前准备（充分5分，一般3分，没有准备0分） 2. 本次活动完成情况（好10分，一般6分，不好3分） 3. 完成任务是否积极主动，并有收获（积极并有收获5分，积极但没收获3分，不积极但有收获1分）	20	自我评价： 学生签名			
		1. 准时参加各项任务（5分）（迟到者扣2分） 2. 积极参与本次任务的讨论（10分） 3. 为本次任务的完成，提出了自己独到的见解（5分） 4. 团结、协作性强（5分） 5. 超时扣5~10分	30	小组评价： 组长签名			
		1. 实验步骤错误扣5分 2. 实验报告漏填一处扣2分 3. 实验态度不认真，扣2分 4. 实验数据填错，扣2~5分 5. 工作条件分析错误扣2分 6. 失效形式分析错误扣2分 7. 力学性能分析错误扣2分 8. 加工工艺路线不合理扣3分 9. 选材不合理扣3分 10. 违反安全操作规程扣5~10分 11. 工作台及场地脏乱扣5~10分	50	教师评价： 教师签名			
总　分							

 小提示

只有通过以上评价，才能继续学习哦!

1.5.5　制订轴的热处理工艺方案

一、热处理的原理及分类

热处理是将固态金属或合金采用适当的方式进行加热、保温和冷却，以获得所需要的组织结构与性能的工艺，如图 1-149 所示。

热处理目的如下：

1）提高和改善钢的使用性能和工艺性能。

2）充分发挥材料的性能潜力，延长零件的使用寿命。

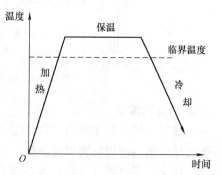

图 1-149　热处理工艺曲线

3）提高产品的质量和经济效益。

钢的热处理分类如图 1-150 所示。

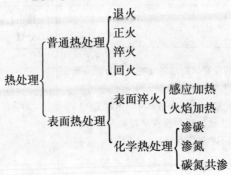

图 1-150　热处理分类

二、钢在加热时的转变

1. 钢在加热和冷却时的相变温度

在热处理工艺中，钢的加热是为了获取_____（A. 奥氏体　B. 珠光体）。

由 Fe – Fe$_3$C 相图可知，A_1、A_3、A_{cm} 是钢在极缓慢加热和冷却时的临界点，但在实际的加热和冷却条件下，钢的组织转变总有滞后现象，在加热时_____（A. 高于　B. 低于），而在冷却时_____（A. 高于　B. 低于）相图上的临界点。加热时的各临界点分别用 Ac_1、_____、_____来表示，冷却时的各临界点分别用 Ar_1、_____、_____来表示，如图 1-151 所示。

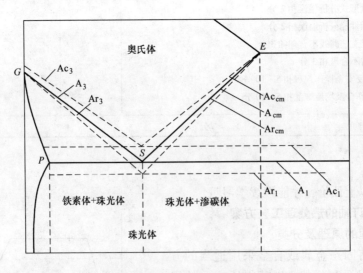

图 1-151　钢在加热和冷却时的临界温度

2. 钢的奥氏体化

热处理时，须将钢加热到一定温度，使其组织全部或部分转变为奥氏体，这种通过加热获得奥氏体组织的过程称为奥氏体化。

奥氏体化过程（图 1-152）包括奥氏体晶核的形成及长大、_____、_____三个阶段。

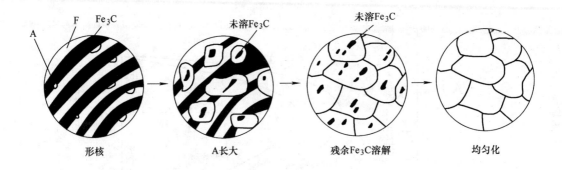

形核 　　A长大 　　残余Fe₃C溶解 　　均匀化

图1-152 共析钢中奥氏体形成过程示意图

3. 奥氏体晶粒的长大

通过加热使钢奥氏体化，能得到细小晶粒的奥氏体。但随着加热温度的升高，保温时间的延长，奥氏体晶粒会自发地长大。加热温度越高，保温时间越长，奥氏体晶粒越_____（A. 大　B. 小）。

钢在一定加热条件下获得的奥氏体晶粒称为奥氏体的实际晶粒，它的大小对冷却转变后钢的性能有明显的影响。奥氏体晶粒细小，冷却后产物组织的晶粒_____（A. 细小　B. 粗大）。细晶粒组织强度、塑性比粗晶粒_____（A. 高　B. 低），而且冲击韧性_____（A. 提高　B. 下降）。

因此，钢在加热时，为了得到细小而均匀的奥氏体晶粒，必须严格控制_____温度（A. 加热　B. 保温）和_____时间（A. 加热　B. 保温）。

三、钢在冷却时的转变

钢在热处理时冷却的方式有_____、_____两种，如图1-153所示。

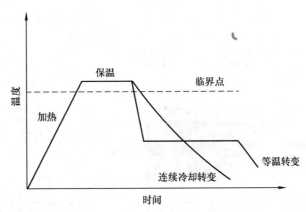

图1-153 冷却方式示意图

1. 奥氏体等温转变

奥氏体在 A_1 线以上是稳定相，冷却到 A_1 线以下而尚未转变时的奥氏体称为过冷奥氏体。表示过冷奥氏体的等温转变_____、转变_____与转变产物之间的关系曲线称为等温转变曲线（图1-154）。其产物的组织及性能见表1-55。

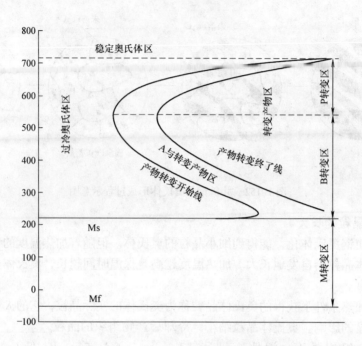

图 1-154　共析钢等温转变曲线

表 1-55　过冷奥氏体等温转变产物的组织及性能

组织名称	符号类型	形成温度范围/℃	显微组织及特征	性能特点
珠光体	P	A₁ ~ 650	粗片层状铁素体和渗碳体的混合物	强度较高，硬度适中（170 ~ 220HBW），有一定的塑性，具有较好的综合力学性能
索氏体	S	650 ~ 600	细片状珠光体，片层较薄	硬度为 230 ~ 320HBW，综合力学性能优于珠光体
屈氏体	T	600 ~ 550	极细片状珠光体，片层极薄	硬度为 330 ~ 400HBW，综合力学性能优于索氏体

组织名称左侧合并单元格：珠光体型组织

符号类型列合并：过冷奥氏体等温冷却转变

（续）

组织名称		符号	类型	形成温度范围/℃	显微组织及特征	性能特点
贝氏体型组织	上贝氏体	$B_上$	过冷奥氏体等温冷却转变	550～350	渗碳体呈较粗的片状，分布于平行排列的铁素体片层之间，在显微镜下呈羽毛状组织	硬度为40～45HRC，强度低，塑性很差，基本上没有使用价值
	下贝氏体	$B_下$		350～Ms	碳化物呈细小颗粒状或短杆状，均匀分布在铁素体内，在显微镜下呈黑色针叶状组织	硬度为45～55HRC，具有较高的强度及良好的塑性和韧性。生产中常用等温淬火的方法来获得
马氏体型组织	低碳马氏体	M	过冷奥氏体低温连续冷却转变	Ms～Mf	一束一束相互平行的细条状，故也称为板条状马氏体	碳的质量分数在0.2%左右的低碳马氏体硬度可达45HRC，具有良好的强度及较好的韧性
	高碳马氏体				断面呈针状，故也称为针状马氏体	硬度均在60HRC以上，硬度高、脆性大

过冷奥氏体温度为 A_1～650℃时，是_____组织，符号为_____，硬度为_____；600～550℃时，是_____组织，符号为_____，硬度为_____；550～350℃时，是_____组织，符号为_____，硬度为_____；350℃～Ms时，是_____组织，符号为_____，硬度为_____。

马氏体转变的特点如下：

1）转变是在一定温度范围内（Ms～Mf）_____（A. 连续　B. 等温）冷却过程中进行的，马氏体的数量随转变温度的下降而不断_____（A. 增多　B. 减少），如果冷却在中途停止，则奥氏体向马氏体转变_____（A. 停止　B. 继续）。

2）转变速度_____（A. 极快　B. 慢）。每个马氏体片形成的时间大约需 10^{-7}s。

3）转变时体积发生膨胀，因而产生很大的_____（A. 内应力　B. 变形）。

4）转变不能进行到底，即使过冷到 Mf 温度以下，仍有一定量奥氏体存在，这部分奥氏体称为残余奥氏体。

5）马氏体中由于溶入过多的碳而使 $\alpha-Fe$ 晶格发生畸变，形成碳在 $\alpha-Fe$ 中的过饱和固溶体，组织不稳定。

6）奥氏体转变成马氏体所需的最小冷却速度称为临界冷却速度，用符号 $v_临$ 表示。为使奥氏体过冷至 Ms 前不发生非马氏体转变，得到马氏体组织，必须使其冷却速度_____（A. 大于　B. 小于）$v_临$。

2. 奥氏体的连续冷却转变

如图 1-155 所示，图中冷却速度 v_1 相当于_____（A. 随炉　B. 空气　C. 油中　D. 水中）冷却，得到_____（A. 珠光体　B. 索氏体　C. 屈氏体　D. 马氏体）组织。

图中冷却速度 v_2 相当于_____（A. 随炉　B. 空气　C. 油中　D. 水中）冷却，得到_____组织。

图中冷却速度 v_3 相当于_____（A. 随炉　B. 空气　C. 油中　D. 水中）冷却，奥氏体在"鼻尖"附近分解一小部分，得到_____组织，而其余的奥氏体则冷却到 Ms ~ Mf 范围内转变为_____组织，最后得到_____和_____组织。

图中冷却速度 v_4 相当于_____（A. 随炉　B. 空气　C. 油中　D. 水中）冷却，它不与 C 曲线相交，得到_____组织。

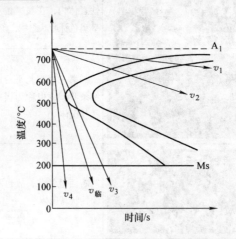

图 1-155　在等温转变曲线上分析连续冷却时的组织

四、热处理的基本方法

1. 退火

退火是将钢加热到适当温度，保持一定时间，然后缓慢冷却（一般随炉冷却）的热处理工艺。根据加热温度和目的的不同，退火方法有完全退火、_____退火和去应力退火（表 1-56）。

表 1-56　常用退火方法

退火方法	定义	组织特点及目的	应用场合
完全退火	将钢加热到完全奥氏体化，即加热至 Ac_3 以上 30 ~ 50℃，保温一定时间后，随炉缓慢冷却的工艺方法	加热：组织全部转变为奥氏体 冷却：奥氏体为细小而均匀的铁素体和珠光体，从而达到细化晶粒，充分消除内应力，降低钢的硬度的目的，为随后的切削加工和淬火做好组织准备	用于中碳钢及低、中碳合金结构钢的锻件、铸件、热轧型材等，有时也用于焊接件 过共析钢_____（A. 不宜　B. 宜）采用完全退火，因为过共析钢完全退火需加热到 Ac_{cm} 以上，在缓慢冷却时，钢中将析出网状渗碳体，使钢的力学性能变_____（A. 好　B. 坏）

（续）

退火方法	定义	组织特点及目的	应用场合
球化退火	将钢加热到 Ac_1 以上 20～30℃，保温一定时间，以不大于 50℃/h 的速度随炉冷却，以得到球状珠光体组织的工艺方法	将片层状的珠光体转变为呈球形细小颗粒的渗碳体，弥散分布在铁素体基体之中 降低硬度，便于切削加工，防止淬火加热时奥氏体晶粒粗大，减小工件的变形和开裂倾向	用于共析钢及过共析钢，如碳素工具钢、合金工具钢、滚动轴承钢等。这些钢在锻造加工以后必须进行球化退火才适于切削加工，同时也可为最后淬火处理做好组织准备
去应力退火	将钢加热到略低于 A_1 的温度（500～650℃），保温一定时间后缓慢冷却的工艺方法	由于去应力退火时温度低于 A_1，所以钢件在去应力退火过程中不发生组织上的变化，目的是消除内应力	零件中存在的内应力十分有害，会使零件在加工及使用过程中发生变形，影响工件的精度。因此，锻造、铸造、焊接，以及切削加工后（精度要求高）的工件，应采用去应力退火来消除内应力

2. 正火

正火是将钢加热到 Ac_3 或 Ac_{cm} 以上 30～50℃，保温适当的时间，在空气中冷却的工艺方法。由于正火的冷却速度比退火_____（A. 快　B. 慢），故正火后得到_____组织（细珠光体）。组织细，强度、硬度比退火钢_____（A. 高　B. 低）。

正火主要用于如下场合：

1）改善低碳钢和低碳合金钢的切削加工性。硬度在 160～230HBW 范围内的钢材，切削加工性最好。硬度过高时难以加工，而且刀具易_____。硬度过低，切削时易"粘刀"，刀具发热而磨损，工件的表面质量较_____（A. 低　B. 高）。

2）正火可细化晶粒，组织力学性能较高，所以当力学性能要求不太高时，正火可作最终热处理。

3）消除过共析钢中的网状渗碳体，改善钢的力学性能，并为球化退火作组织准备。

4）代替中碳钢和低碳合金结构钢的退火，改善组织结构和切削加工性能。

正火与退火比较（图 1-156），正火比退火生产周期_____（A. 短　B. 长），成本_____（A. 低　B. 高），操作_____（A. 方便　B. 复杂），在可能的条件下应优先采

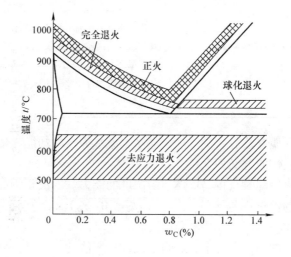

图 1-156　退火与正火的加热范围

用_____（A. 退火　B. 正火）。零件形状较复杂时，由于_____（A. 退火　B. 正火）的冷却速度较快，有引起开裂的危险，因此，采用_____（A. 退火　B. 正火）。

3. 淬火

钢件加热到 Ac_3 或 Ac_1 以上的适当温度，经保温后快速冷却（冷却速度大于 $v_{临}$），以获得马氏体或下贝氏体组织的热处理工艺称为淬火。淬火的目的是获得马氏体组织，提高钢的强度、硬度和耐磨性。钢的淬火温度范围及理想淬火冷却速度如图 1-157、图 1-158 所示，淬火加热温度的选择及原因见表 1-57，常用的淬火方法、特点、应用及工艺曲线见表 1-58。

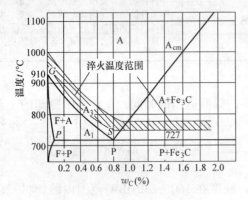

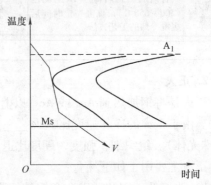

图 1-157　钢的淬火温度范围　　　　　　图 1-158　钢的理想淬火冷却速度

表 1-57　淬火加热温度的选择及原因

钢种	加热温度	选择原因分析
亚共析钢	_____以上 30 ~ 50℃	目的是得到细晶粒的奥氏体，以便淬火后获得细小的马氏体组织。若加热温度过高，则奥氏体晶粒粗化，淬火后的马氏体组织粗大，使钢脆化；若加热温度过低，则组织中含有未熔铁素体，降低工件的硬度及力学性能
（过）共析钢	_____以上 30 ~ 50℃	淬火后形成在细小的马氏体基体上均匀分布着细颗粒状渗碳体的组织。这种组织不仅耐磨性好，而且脆性小。如果淬火加热温度选在 Ac_{cm} 以上，奥氏体晶粒粗化，淬火后得到粗大马氏体，增大脆性及变形开裂倾向，残余奥氏体量也多，使钢的硬度降低

常用的淬火冷却介质有油、_____、盐水、碱水等，冷却能力依次增加。

钢的淬透性和淬硬性的含义如下：

淬透性：钢在淬火冷却时获得马氏体组织深度的能力。取决于钢的临界冷却速度。临界冷却速度越低，则钢的淬透性越_____（A. 好　B. 差）。合金钢与碳钢比较，_____的淬透性好。

淬硬性：钢在理想的淬火条件下，获得马氏体后所能达到的最高硬度。取决于碳的质量分数的高低。低碳钢与高碳钢比较，_____淬硬性好。

表1-58　常用的淬火方法、特点、应用及工艺曲线

名称	操作方法	特点及应用	热处理工艺曲线
单液淬火	钢件奥氏体化后，在单一淬火介质中冷却到室温 碳钢采用水冷，合金钢用油冷	操作简单，易实现机械化、自动化，但容易产生硬度不足或开裂等淬火缺陷	
双介质淬火	钢件奥氏体化后，先浸入一种冷却能力强的介质中，在钢的组织还未开始转变时迅速取出，马上浸入另一种冷却能力弱的介质中，缓冷到室温，如先水后油、先油后空气等	优点是内应力小、变形及开裂少，缺点是操作困难、不易掌握，故主要应用于碳素工具钢制造易开裂的工件，如丝锥等	
马氏体分级淬火	将钢件奥氏体化后，浸入温度稍高或稍低于钢的Ms点的液态介质中，保持适当时间，待钢件的内外层都达到介质温度后取出空冷，以获得马氏体组织	通过在Ms点附近的保温，使工件内外温差减到最小，可以减小淬火应力，防止工件变形和开裂 主要应用于淬透性好的合金钢或截面不大、形状复杂的碳钢工件	
贝氏体等温淬火	将钢件奥氏体化后，随之快冷到贝氏体转变温度区间等温保持，使奥氏体转变为下贝氏体	强化钢材，使工件获得较高的强度、硬度，较好的耐磨性和比马氏体好的韧性，可显著减小淬火应力和淬火变形，避免开裂。 常用于中、高碳工具钢和低碳合金钢制造形状复杂、尺寸较小、韧性较高的各种模具、成形刀具等工件	

钢的淬火缺陷见表1-59。

表1-59　钢的淬火缺陷

缺陷名称	缺陷含义及产生原因	后果	防止与补救方法
氧化与脱碳	钢在加热时，炉内的氧与钢表面的铁相互作用，形成一层松脆的氧化铁皮的现象称为氧化 脱氧指钢在加热时，钢表面的碳与气体介质作用而逸出，使钢件表面碳的质量分数降低的现象	降低钢件表层的硬度和疲劳强度，而且还会影响零件的尺寸	在盐浴炉内加热或在工件表面涂覆保护剂，也可在保护气氛及真空中加热
过热与过烧	钢在淬火加热时，由于加热温度过高或高温停留时间过长，造成奥氏体晶粒显著粗化的现象称为过热 过烧指加热温度达固相线附近，晶界已开始出现氧化和熔化的现象	工件过热后，晶粒粗大，使钢的力学性能（尤其是韧性）降低，并易引起淬火时的变形和开裂	严格控制加热温度和保温时间 发现过热，马上出炉空冷至火色消失，再立即重新加热到规定温度或正火 过烧后工件报废，无法补救
变形与开裂	淬火内应力是变形与开裂的主要原因	无法使用	选用合理的工艺方法 变形的工件可采取校正的方法补救，而开裂的工件只能报废
硬度不足	加热温度过低、保温时间不足、冷却速度不够快或表面脱碳等原因，使材料在淬火后无法达到预期的硬度	无法满足使用性能	严格执行工艺规程 硬度不足，可先进行退火或正火，再重新淬火
软点	淬火后工件表面有许多未淬硬的小区域，原因包括加热温度不够、局部冷却速度不足（局部有污物、气泡等）及局部脱碳	组织不均匀，性能不一致	冷却时注意操作方法，增加搅动 产生软点后，可先退火、正火或调质处理，再重新淬火

4. 钢的回火

回火是将淬火后的钢重新加热到Ac_1点以下的某一温度，保温一定时间，然后冷却到室温的热处理工艺。回火后的组织转变见表1-60。

回火的目的如下：

1）降低淬火钢的脆性和内应力，防止变形或开裂。

2）调整和稳定淬火钢的结晶组织，以保证工件不再发生形状和尺寸的改变。

3）获得不同需要的力学性能。回火一般是热处理的最后一道工序。

由上表可见，变化规律为：随着加热温度的升高，钢的强度、硬度_____（A. 提高　B. 下降），塑性、韧性_____（A. 提高　B. 下降）。

常用的回火方法及应用场合见表1-61。

表1-60　回火后的组织转变

转变阶段	回火温度	转变特点	转变产物
马氏体分解	80~200℃	过饱和碳以极细小的过渡相碳化物析出，马氏体中碳的过饱和程度降低，晶格畸变程度减弱，韧性有所提高，硬度基本不变	$M_回 + A_残$
残余奥氏体分解	200~300℃	残余奥氏体开始分解为下贝氏体或回火马氏体，淬火内应力减小，硬度无明显降低	$M_回$
渗碳体的形成	300~400℃	从过饱和固溶体中析出的碳化物转变为颗粒状的渗碳体，400℃时晶格恢复正常，变为铁素体基体上弥散分布的细颗粒状渗碳体的混合物，钢的内应力基本消除，硬度下降	$T_回$
渗碳体聚集长大	400℃以上	细小的渗碳体颗粒不断长大，回火温度越高，渗碳体颗粒越粗，转变为由颗粒状渗碳体和铁素体组成的混合物组织，内应力完全消除，硬度明显下降	$S_回$

表1-61　常用的回火方法及应用场合

回火方法	加热温度	获得组织	性能特点	应用场合
低温回火	150~250℃	$M_回$	具有较高的硬度、耐磨性和一定的韧性，硬度达58~64HRC	用于刀具、量具、冷冲模、拉丝模，以及其他要求高硬度、高耐磨性的零件
中温回火	350~500℃	$T_回$	具有较高的弹性极限、屈服强度和适当的韧性，硬度为40~50HRC	用于弹性零件及热锻模具
高温回火	300~400℃	$S_回$	具有良好的综合力学性能，硬度为200~330HBW	用于重要的受力构件，如丝杠、螺栓、连杆和齿轮

生产中把淬火与高温回火相结合的热处理工艺称为"调质"。

 实施活动 制订传动轴的热处理工艺方案

一、工具/仪器

减速器，低速轴，硬度测量仪，千分尺。

二、工作流程

1. 分析低速轴的结构

1）轴的整体结构为：中间_____、两端_____的_____轴。

2）采用轴向定位的方式有_____。

3）采用周向定位的方式有_____。

4）轴上的其他工艺结构有_____。

2. 分析低速轴的工作条件

低速轴主要承受_____应力；载荷性质是_____；常见的失

效形式有＿＿＿＿＿＿＿＿＿＿＿＿＿＿＿＿＿＿＿＿＿＿＿＿，要求的主要力学性能是＿＿＿＿＿
＿＿。

3. 确定轴的热处理技术条件

经对低速轴的结构和工作条件分析后，确定选用＿＿＿＿＿材料，整体调质后硬度为
＿＿＿＿HBW。

加工工艺路线为＿＿＿＿＿＿＿＿＿＿＿＿＿＿＿＿＿＿＿＿＿＿＿＿＿＿＿＿＿＿＿＿＿＿。

4. 确定热处理工序

根据分析的结果，确定低速轴的加工中所采用的热处理工序包括：

1）＿＿＿＿，主要目的是＿＿＿＿＿＿＿＿＿＿＿＿＿＿＿＿＿＿＿＿＿＿＿＿＿＿＿

2）＿＿＿＿，主要目的是＿＿＿＿＿＿＿＿＿＿＿＿＿＿＿＿＿＿＿＿＿＿＿＿＿＿＿

3）＿＿＿＿，主要目的是＿＿＿＿＿＿＿＿＿＿＿＿＿＿＿＿＿＿＿＿＿＿＿＿＿＿＿

活动评价（表1-62）

表1-62　活动评价表

完成日期			工时	120min	总耗时		
任务环节		评分标准		所占分数	考核情况	扣分	得分
制定传动轴的热处理工艺方案		1. 为完成本次活动是否做好课前准备（充分5分，一般3分，没有准备0分） 2. 本次活动完成情况（好10分，一般6分，不好3分） 3. 完成任务是否积极主动，并有收获（积极并有收获5分，积极但没收获3分，不积极但有收获1分）		20	自我评价： 学生签名		
		1. 准时参加各项任务（5分）（迟到者扣2分） 2. 积极参与本次任务的讨论（10分） 3. 为本次任务的完成，提出了自己独到的见解（5分） 4. 团结、协作性强（5分） 5. 超时扣5~10分		30	小组评价： 组长签名		
		1. 工作页填错一处扣2分 2. 工作页漏填一处扣2分 3. 分析轴的结构错误，扣2分 4. 选材错误，扣2~5分 5. 热处理工序错误扣2分 6. 目的分析错误扣3分 7. 违反安全操作规程扣5~10分 8. 工作台及场地脏乱扣5~10分		50	教师评价： 教师签名		
总　　分							

小提示

只有通过以上评价，才能继续学习哦！

1.5.6　选择并标注轴的表面结构要求

一、表面结构要求的概念

零件在加工过程中，受刀具的形状和刀具与工件之间的摩擦、机床的震动及零件金属表面的塑性变形等因素，表面不可能绝对光滑，如图1-159所示。零件表面上这种具有较小间距的峰谷所组成的_____，称为表面结构要求。

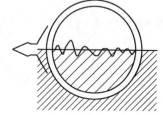

图1-159　表面结构

1. Ra 与 Rz 的区别

Ra（轮廓算术平均偏差）表示在取样长度 L_r 内，轮廓偏距绝对值的算术平均值；Rz（轮廓最大高度），它是在一个取样长度内，最大轮廓峰高与最大轮廓谷深之和。二者含义如图1-160所示。

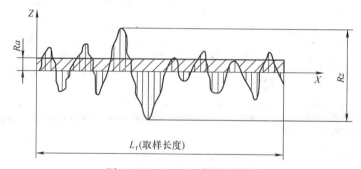

图1-160　Ra、Rz 参数示意图

2. 表面结构的影响（耐磨性、稳定性、疲劳强度、抗腐蚀性、密封性等）

一般来说，不同的表面结构要求是由不同的加工方法形成的。表面结构要求是评定零件表面质量的一项重要的指标，提高零件表面结构要求可以提高其表面耐腐蚀、耐磨性和抗疲劳等能力，但其加工成本也相应提高。因此，零件表面结构要求的选择原则是：在满足零件表面功能的前提下，表面结构要求允许值尽可能_____。

国家标准 GB/T 1031—2009 给出的 Ra 和 Rz 系列值如表1-63所示。

表1-63　Ra 和 Rz 系列值　　　　　　　　　　　　　　　（单位：μm）

Ra	Rz	Ra	Rz
0.012		6.3	6.3
0.025	0.025	12.5	12.5
0.05	0.05	25	25
0.1	0.1	50	50
0.2	0.2	100	100
0.4	0.4		200
0.8	0.8		400
1.6	1.6		800
3.2	3.2		1600

二、标注表面结构的图形符号

1. 图形符号及其含义

在图样中，可以用不同的图形符号来表示对零件表面结构的不同要求。表面结构的图形符号及其含义见表 1-64。

表 1-64 表面结构图形符号及其含义

符号名称	符号样式	含义及说明
基本图形符号	√	未指定工艺方法的表面。基本图形符号仅用于简化代号标注，当通过一个注释解释时可单独使用，没有补充说明时不能单独使用
扩展图形符号	√	用去除材料的方法获得表面，如通过车、铣、刨、磨等机械加工的表面，仅当其含义是"被加工表面"时可单独使用
	√	用不去除材料的方法获得表面，如铸、锻等，也可用于保持上道工序形成的表面，不管这种状况是通过去除材料或不去除材料形成的
完整图形符号	√ √ √	在基本图形符号或扩展图形符号的长边上加一横线，用于标注表面结构特征的补充信息
工件轮廓各表面图形符号	√ √ √	当在某个视图上组成封闭轮廓的各表面有相同的表面结构要求时，应在完整图形符号上加一圆圈，标注在图样中工件的封闭轮廓线上

2. 图形符号的画法及尺寸

图形符号的画法如图 1-161 所示，表 1-65 列出了图形符号的尺寸。

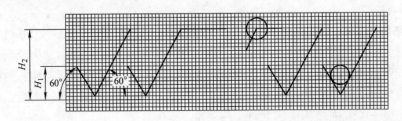

图 1-161 图形符号的画法

表 1-65 图形符号的尺寸 （单位：mm）

数字与字母的高度 h	2.5	3.5	5	7	10	14	20
高度 H_1	3.5	5	7	10	14	20	28
高度 H_2（最小值）	7.5	10.5	15	21	30	42	60

注：H_2 取决于标注内容。

标注表面结构参数时，应使用完整图形符号。在完整图形符号中注写了参数代号、极限值等要求后，称为表面结构代号。表面结构代号示例见表 1-66。

表1-66　表面结构代号示例

代号	含义/说明
$\sqrt{}$ $Ra\,1.6$	表示去除材料，单向上限值，默认传输带，R 轮廓，粗糙度算术平均偏差 1.6μm，评定长度为 5 个取样长度（默认），使用"16% 规则"（默认）
$\sqrt{}$ $Rz\,\max\,0.2$	表示不允许去除材料，单向上限值，默认传输带，R 轮廓，粗糙度最大高度的最大值 0.2μm，评定长度为 5 个取样长度（默认），使用"最大规则"
$\sqrt{}$ U $Ra\,\max\,3.2$ L $Ra\,0.8$	表示不允许去除材料，双向极限值，两极限值均使用默认传输带，R 轮廓，上限值为算术平均偏差 3.2μm，评定长度为 5 个取样长度（默认），使用"最大规则"，下限值为算术平均偏差 0.8μm，评定长度为 5 个取样长度（默认），使用"16% 规则"（默认）
铣 $\sqrt{}$ $-0.8/Ra3\,6.3$ ⊥	表示去除材料，单向上限值，传输带根据 GB/T 6062，取样长度 0.8mm，R 轮廓，算术平均偏差极限值 6.3μm，评定长度包含 3 个取样长度，使用"16% 规则"（默认），加工方法为铣削，纹理垂直于视图所在的投影面

3. 表面结构要求在图样中的标注

表面结构要求在图样中的标注实例见表1-67。

表1-67　表面结构要求在图样中的标注实例

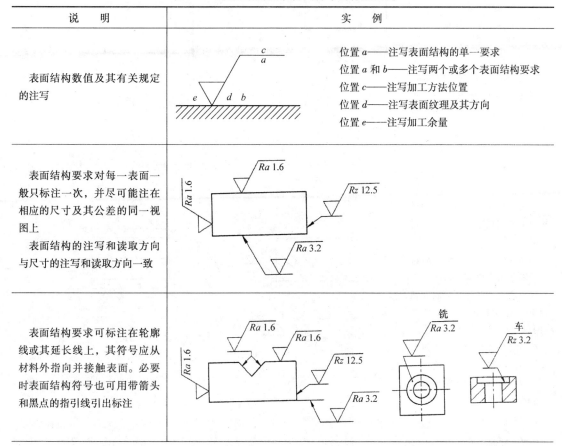

说　明	实　例
表面结构数值及其有关规定的注写	位置 a——注写表面结构的单一要求 位置 a 和 b——注写两个或多个表面结构要求 位置 c——注写加工方法位置 位置 d——注写表面纹理及其方向 位置 e——注写加工余量
表面结构要求对每一表面一般只标注一次，并尽可能注在相应的尺寸及其公差的同一视图上 表面结构的注写和读取方向与尺寸的注写和读取方向一致	
表面结构要求可标注在轮廓线或其延长线上，其符号应从材料外指向并接触表面。必要时表面结构符号也可用带箭头和黑点的指引线引出标注	

（续）

说　明	实　例
在不致引起误解时，表面结构要求可以标注在给定的尺寸线上	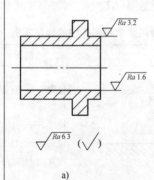
表面结构要求可以标注在几何公差框格的上方	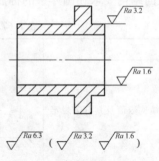
如果在工件的多数表面有相同的表面结构要求，则其表面结构要求可统一标注在图样的标题栏附近，此时，表面结构要求的代号后面应有以下两种情况：①在圆括号内给出无任何其他标注的基本符号（图a）；②在圆括号内给出不同的表面结构要求（图b）	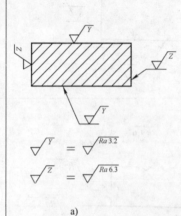
当多个表面有相同的表面结构要求或图纸空间有限时，可以采用简化注法。 　1. 用带字母的完整图形符号，以等式的形式，在图形或标题栏附近，对有相同表面结构要求的表面进行简化标注（图a） 　2. 用基本图形符号或扩展图形符号，以等式的形式给出对多个表面共同的表面结构要求（图b）	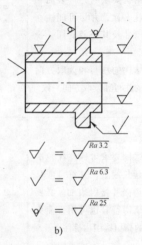

实施活动 选择并标注传动轴的表面结构要求

一、工具/仪器

减速器，低速轴。

二、工作流程

1. 确定零件各表面的结构要求，根据零件表面的_____（A. 作用　B. 形状）

1）接触面与有配合要求表面的结构要求数值应较小，自由表面的表面的结构要求数值应较大（表1-68）。

表1-68　表面结构要求数值

（单位：μm）

公差等级	IT6	IT7	IT8	IT9	IT10	≥IT11
Ra 值	0.8 ~ 1.6	1.6 ~ 3.2	3.2 ~ 6.3	6.3 ~ 12.5	12.5 ~ 25	>25

2）表面结构的应用场合见表1-69。

表1-69　表面结构的应用场合

符号	应用场合
$\sqrt{}\,Ra\,25$	一般不重要的加工部位，如油孔、穿螺栓用的光孔、不重要的底面、倒角等
$\sqrt{}\,Ra\,12.5$	尺寸精度不高，没有相对运动的部位，如不重要的端面、侧面、底面、螺纹孔等
$\sqrt{}\,Ra\,6.3$	不十分重要，但有相对运动的部位或较重要的接触面，如低速轴的表面、相对速度较高的侧面、重要的安装基面和齿轮、链轮、齿廓表面等
$\sqrt{}\,Ra\,3.2$	传动零件中轴、孔配合部分；低、中速的轴承孔，齿轮的齿廓表面等
$\sqrt{}\,Ra\,1.6$	较重要的配合面，如安装滚动轴承的轴和孔，有导向要求的滑槽等
$\sqrt{}\,Ra\,0.8$	重要的配合，如高速回转的轴和轴承孔等

2. 选择并标注减速器低速传动轴的表面结构要求

1）根据减速器低速传动轴各部位配合状况选择各部位表面结构要求 Ra 值：

与滚动轴承配合的轴颈部分的表面结构要求 Ra 值选_____。

与齿轮配合的轴头部分的表面结构要求 Ra 值选_____。

轴身部位的表面结构要求 Ra 值选_____。

轴端面及倒角部位表面结构要求 Ra 值选_____。

2）根据标注实例，将表面结构要求 Ra 值标注在传动轴零件图上。

活动评价（表1-70）

表1-70 活动评价表

完成日期		工时	40min	总耗时	
任务环节	评 分 标 准	所占分数	考核情况	扣分	得分
选择并标注传动轴的表面结构	1. 为完成本次活动是否做好课前准备（充分5分，一般3分，没有准备0分） 2. 本次活动完成情况（好10分，一般6分，不好3分） 3. 完成任务是否积极主动，并有收获（是5分，积极但没收获3分，不积极但有收获1分）	20	自我评价：		学生签名
	1. 准时参加各项任务（5分）（迟到者扣2分） 2. 积极参与本次任务的讨论（10分） 3. 为本次任务的完成，提出了自己独到的见解（5分） 4. 团结、协作性强（5分） 5. 超时扣5～10分	30	小组评价：		组长签名
	1. 工作页填错一处扣2分 2. 工作页漏填一处扣2分 3. 选择轴的表面结构错误，一处扣2分 4. 表面结构标注错误，每处扣2分 5. 违反安全操作规程扣5～10分 6. 工作台及场地脏乱扣5～10分	50	教师评价：		教师签名
总　　分					

小提示

只有通过以上评价，才能继续学习哦！

活动六　计算机绘制传动轴零件图

能力目标

1）掌握 AutoCAD 软件基本操作：启动软件、新建文件、保存文件。

2）能选择合适的绘图命令、修改命令绘制几何图形。

3）能选择合适的绘图命令绘制轴零件图，并标注尺寸及技术要求。

4）对正确设置图纸参数，将完成的图样打印并归档。

活动地点

零件测绘与分析学习工作站、计算机室。

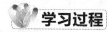 学习过程

你要掌握以下资讯，才能顺利完成任务

1.6.1 绘制 A4 图纸

本节我们有两个任务：首先通过绘制一幅空白的 A4 图纸学习 AutoCAD 软件的基本操作（如图 1-162 所示），要求绘制横放 A4 图幅，比例为 1:1，以 A4 为文件名存盘；其次根据需要建立自定义的图形样板文件。

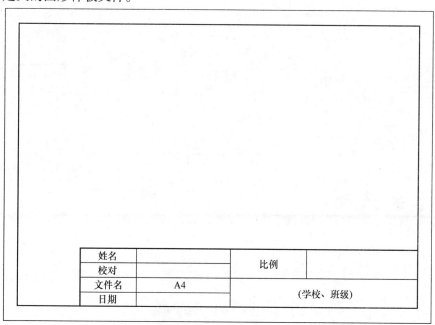

姓名		比例	
校对			
文件名	A4		
日期		(学校、班级)	

图 1-162 A4 图纸

一、软件基本操作

1. 打开 AutoCAD 软件

从 Windows 系统桌面或"开始"菜单中找到 AutoCAD 软件图标，运行 AutoCAD 软件。请在图 1-163 所示图标中找出 AutoCAD 主程序图标（是打"√"，否打"×"）。

图 1-163 软件图标

2. 熟悉 AutoCAD 软件操作界面

AutoCAD 界面中包括标题栏、绘图区、命令行、菜单栏、工具栏、状态栏，并在图 1-

164 中填写各区域名称。

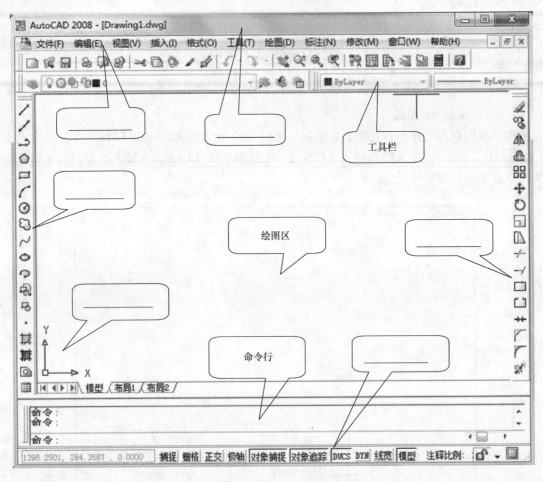

工具栏

绘图区

命令行

图 1-164　AutoCAD 操作界面

3. 关闭 AutoCAD 程序及文件

　　AutoCAD 程序启动时，默认打开一个空白文件，同时可以打开多个图形文件。图形文件可以逐一关闭而不关闭程序，以便节省再次启动程序的时间。如图 1-165 所示，程序窗口右上角的"×"符号分别表示关闭 CAD 程序和关闭文件。

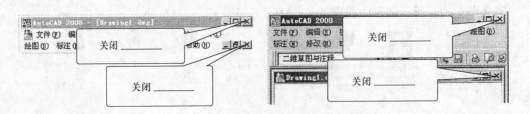

关闭

关闭

关闭

关闭

图 1-165　关闭程序

4. 鼠标的运用

　　操作 AutoCAD 时通常使用滚轮鼠标。打开一个已有图形文件，表 1-71 左列是六种不同的鼠标操作，右侧是图形变化，请通过实际操作将左右项目对应起来。

表 1-71　鼠标运用

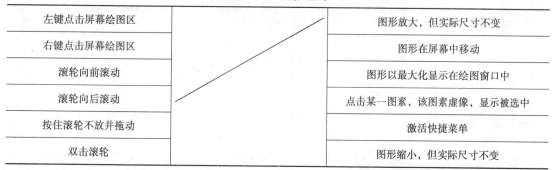

左键点击屏幕绘图区		图形放大，但实际尺寸不变
右键点击屏幕绘图区		图形在屏幕中移动
滚轮向前滚动		图形以最大化显示在绘图窗口中
滚轮向后滚动		点击某一图素，该图素虚像，显示被选中
按住滚轮不放并拖动		激活快捷菜单
双击滚轮		图形缩小，但实际尺寸不变

5. 学习使用 AutoCAD 的绘图工具

绘图屏幕是一块图板，我们在上面作图，与手工绘图一样需要用到一些工具，例如，直尺、量角器等，而 AutoCAD 还可以准确地捕捉图素上的特殊点并实现远距离对齐。学习 AutoCAD 绘图必须首先学习它区别于手工绘图的辅助功能。熟练运用辅助功能绘图还能大幅提高绘图速度。常用的辅助功能如图 1-166 所示，各区域说明如下：

| 600.0000,　200.0000 , 0.0000 | 捕捉 | 栅格 | 正交 | 极轴 | 对象捕捉 | 对象追踪 | DYN | 线宽 | 模型 |

图 1-166　辅助功能

1）图形坐标显示：可显示光标当前所在位置系统坐标值。

2）捕捉：栅格捕捉模式（SNAP）可限制光标按指定的间距移动。

3）栅格：栅格显示（GRID）可直观显示距离的栅格或栅格点阵，仅用于辅助观测图形尺寸。【格式】菜单"图形界限"命令用于设置栅格显示的范围。

4）正交：控制前后输入的两点以水平或垂直方式对齐并只在这两个角度上。

5）极轴：控制前后输入的两点以特定角度对齐，常用的有 30°、45°等。

6）对象捕捉：控制光标拾取图形上特殊点（端点、交点、圆心、最近点、垂足等）。

7）对象追踪：沿指定方向、角度捕捉特定点。

8）DYN 模式：动态输入，直观显示与当前光标有关的参数。

以上参数均可以右键点击任意按钮—【设置】—【草图设置】对话框中设置，如图 1-167 所示。

正交模式不在【草图设置】对话框中，而是直接点击按钮激活或关闭，正交模式与极轴模式不会同时激活，如图 1-168 所示。

通常将辅助功能结合起来使用可提高效率。对于初学者，建议进行如图 1-169 所示的设置：极轴、对象捕捉、对象追踪、DYN 处于打开状态，其余的关闭。

🔍 **练一练**

以下几组练习专用于学习辅助功能（图 1-170），请跟随指引进行练习，在绘图过程中注意建立运用软件辅助功能的思路，不要使用辅助线。可多次重复练习以提高绘图熟练程度。

设置"极轴增量角为 90°"，"以所有极轴角追踪"，绘制以下图形（只绘制图中粗实线部分）。

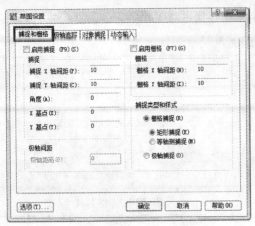
捕捉和栅格

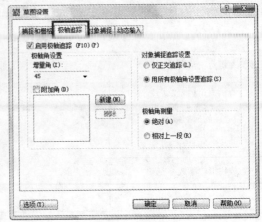
极轴追踪

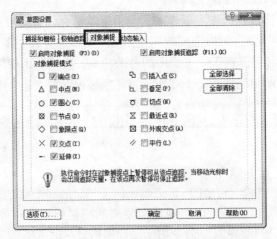
对象捕捉

图 1-167　草图设置对话框

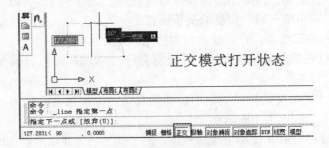

图 1-168　正交设置

图 1-169　常用的辅助功能

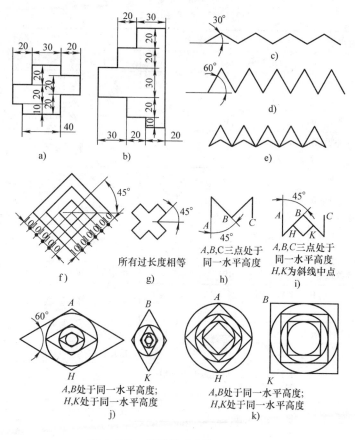

图 1-170　利用辅助功能绘制图形

二、常用命令

1. 绘图命令

1）矩形（rec、▢）命令操作要点：通过输入两个对角点的位置确定矩形的位置及大小。

命令拓展：在二维空间绘制带倒角、圆角、指定线宽、指定旋转角度的矩形，如图 1-171 所示，自左向右各矩形参数依次为：线宽"0"旋转 30°，线宽"10"旋转 10°圆角，线宽"0"无圆角无倒角，线宽"20"并倒角。

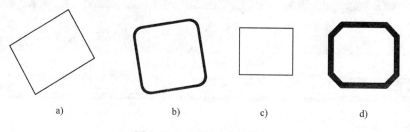

图 1-171　矩形命令的使用

以图 1-171b 为例，矩形尺寸为 120mm × 100mm，圆角半径 20mm，线宽"10"，旋转角度 10°操作过程见表 1-72。

表1-72　矩形的操作过程

屏幕提示	操作	说明
命令：	rec	启动矩形命令
指定第一角点或［倒角（C）标高（E）圆角（F）厚度（T）宽度（W）］	F	选择［圆角］选项
指定矩形的圆角半径＜0.00＞：	20	指定圆角半径20mm
指定第一角点或［倒角（C）标高（E）圆角（F）厚度（T）宽度（W）］：	W	选择［宽度］选项
指定矩形的线宽＜0.00＞：	10	指定线宽为"10"
指定第一角点或［倒角（C）标高（E）圆角（F）厚度（T）宽度（W）］：	鼠标左键点击第一点	指定矩形第一角点
指定另一个角点或［面积（K）尺寸（D）旋转（R）］：	R	选择［旋转］选项
指定旋转角度或［拾取点（P）］：	10	指定角度10°
指定另一个角点或［面积（K）尺寸（D）旋转（R）］：	D	选择［尺寸］选项
指定矩形的长度＜0.00＞：	120	指定长度为120mm
指定矩形的宽度＜0.00＞：	100	指定宽度为100mm
指定另一个角点或［面积（K）尺寸（D）旋转（R）］：	指定另一角点相对于第一角点的位置	
命令：		完成操作，退出命令到待命状态

2）直线（1、▱）命令操作要点：通过输入直线两个端点的位置确定一条直线，端点确定方法及技巧如下：

① 任意长度任意角度的直线——鼠标直接在绘图区取点。

② 已知两点水平距离、垂直距离——相对直角坐标取点（x，y）。

③ 已经两点距离及两点连线与水平方向夹角——相对极坐标（1<α）。

④ 已知两点在同一水平位置或垂直位置及两点距离——运用辅助功能极轴或正交直接输入距离值（参考前文"辅助功能"）。

3）多行文字Ⓐ命令操作如图1-172所示。

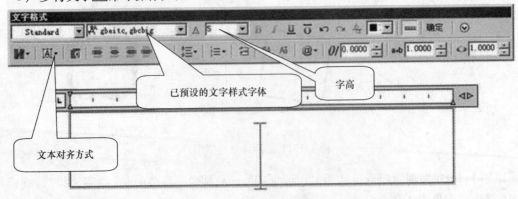

图1-172　文字格式

2. 修改命令

1）偏移（o、）命令：创建与选定图线平行的新对象。偏移的三个要素是平行图线间的距离、偏移的对象和偏移的方向（即向原对象的哪一侧偏移）。

2）删除（　　、"del"键）命令：删除不需要的图线。

3）放弃（　　）命令：撤销最后一次操作，多次点击可连续撤销。

4）重做（　　）命令：只在撤销命令之后起作用，在撤销操作后须回复被撤销的图线时使用。

实施活动　绘制 A4 图纸

一、工具/仪器

计算机。

二、工作流程

1. 新建图形文件

要求以 acadiso. dwt 为模板建立新图形文件。

2. 保存文件

文件保存三要素：路径位置、文件名、文件类型，如图 1-173 所示。

小提示

良好的操作习惯应先确定文件名并保存再开始绘图，并且在绘图过程中养成定时保存的习惯，以避免数据损失。

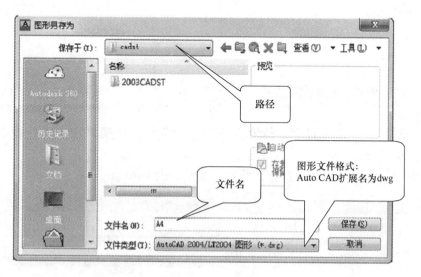

图 1-173　图形保存

3. 设置系统参数

与绘图基本环境有关的图形系统参数在【格式】菜单中可以找到，如图 1-174 所示。

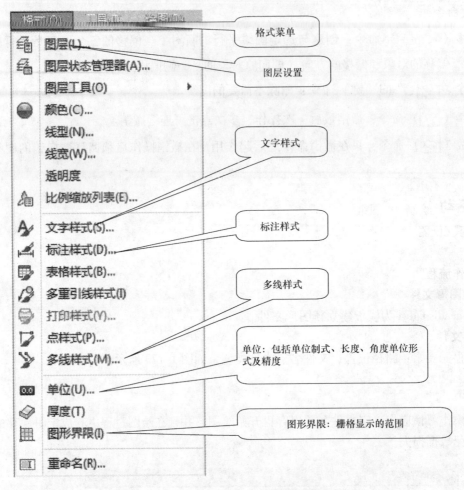

图 1-174　设置系统参数

1）设置图形界限，根据图纸大小，左下角定在"0，0"坐标原点，右上角定在"297，210"。

2）设置长度单位取十进制，精度为小数点后 3 位；角度单位为度分秒制，精度为"0d"。使用 mm 为绘图单位。

3）设置图层（图 1-175）、颜色、线型、线宽（表 1-73）。

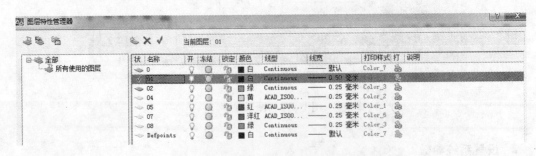

图 1-175　图层设置

表 1-73 图线设置

层名	颜色	线型	线宽/mm	绘制内容
01	白色（white）	Continuous	0.5	粗实线
02	绿色（green）	Continuous	0.25	细实线
04	黄色（yellow）	ISO2W100	0.25	细虚线
05	红色（red）	ISO4W100	0.25	细点画线
07	粉红色（magenta）	ISO5W100	0.25	细双点画线
08	白色（white）	Continuous	0.25	尺寸

4）设置文字样式（图 1-176）。

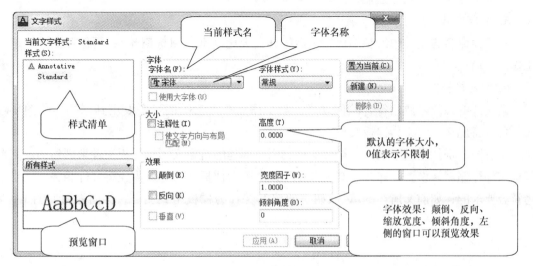

图 1-176 文字设置

4. 选定图层，绘制图框

图线应按相对应的图层放置，以方便图形管理。绘制图线之前，可将所需图层置为当前层，也可以绘制完成之后选定错层的图线移至正确的图层。

根据国家标准规定，A4 横放图纸边界线尺寸为底边_____，高_____，无装订边图纸内框与外框相距 10mm。

标题栏（图 1-177）放置在内框_____（A. 右下角 B. 左下角），底边_____，高_____，有两种字号，分别为_____ mm、_____ mm。

图 1-177 标题栏

图纸边界线为_____（A. 粗实线　B. 细实线），应绘制在_____（01/02/04/05/07/08）层上面，使用_____命令绘制。绘制过程中，确定起始点或第一角点，坐标为（0，0），图纸边界线右上角坐标为（297，210），即可将图纸锁定在绘图区原点位置。

图框内框为_____（A. 粗实线　B. 细实线），应绘制在_____（01/02/04/05/07/08）层上面，使用_____命令绘制。

标题栏边界线为_____（A. 粗实线　B. 细实线），应绘制在_____（01/02/04/05/07/08）层上面，标题栏内框线为_____（A. 粗实线　B. 细实线），应绘制在_____（01/02/04/05/07/08）层上面，使用_____（例如，直线、矩形、偏移、追踪方式、捕捉方式等）命令绘制。

5. 保存文件

在已经命名的文件中绘制图形，之后将其最大化（双击鼠标滚轮），再保存文件，退出工作。

6. 定义样板文件

新文件的系统参数已符合绘图要求，当工作中有大量的图形需要用到同样的绘图环境时，可以将此文件定义为样板文件。

所有图形都是通过默认图形样板文件或用户创建的自定义图形样板文件来创建的。图形样板文件存储默认设置、样式和其他数据。设定图形样板文件时，需先将文件相关参数设置为符合要求的，如前文所述的 A4 文件，再将其保存为样板格式文档，存储界面如图 1-178 所示。

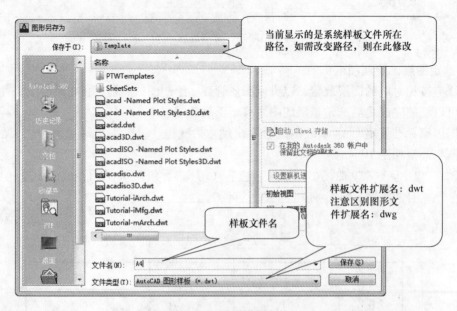

图 1-178　图形样板文件

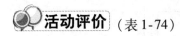活动评价（表1-74）

表1-74　活动评价表

完成日期			工时	40min	总耗时		
任务环节	评　分　标　准		所占分数	考核情况	扣分	得分	
绘制A4图纸	1. 为完成本次活动是否做好课前准备（充分5分，一般3分，没有准备0分） 2. 本次活动完成情况（好10分，一般6分，不好3分） 3. 完成任务是否积极主动，并有收获（积极并有收获5分，积极但没收获3分，不积极但有收获1分）		20	自我评价：		学生签名	
	1. 准时参加各项任务（5分）（迟到者扣2分） 2. 积极参与本次任务的讨论（10分） 3. 为本次任务的完成，提出了自己独到的见解（5分） 4. 团结、协作性强（5分） 5. 超时扣5~10分		30	小组评价：		组长签名	
	1. 工作页填错一处扣2分 2. 工作页漏填一处扣2分 3. 单位设置错误，扣2分 4. 图层设置错误，每处扣2分 5. 文字样式设置错误扣2分 6. 图框尺寸及按图层放置错误，一处扣3分 7. 标题栏尺寸及按图层放置错误，一处扣3分 8. 违反操作规程扣5~10分		50	教师评价：		教师签名	
总　　分							

小提示

只有通过以上评价，才能继续学习哦！

1.6.2　绘制几何图形

本节通过绘制一幅几何图形学习AutoCAD软件基本的绘图方法。调用前文设置的A4图纸，按图中所给尺寸，1∶1比例绘制吊钩（图1-179），不标注尺寸。以A403为文件名存盘。

一、绘图命令

1. 圆（c、⊘）

Auto CAD提供了六种方法绘制圆。

1）已知圆心、半径——"圆心、半径"方式画圆。

2）已知圆心、直径——"圆心、直径"方式画圆。

3）已知圆直径的两个端点——"两点"方式画圆。

4）已知圆周上三个点——"三点"方式画圆。

5）已知圆周相切于两个图素及圆的半径（系统可自动计算圆心位置）——"相切、相切、半径"方式画圆。

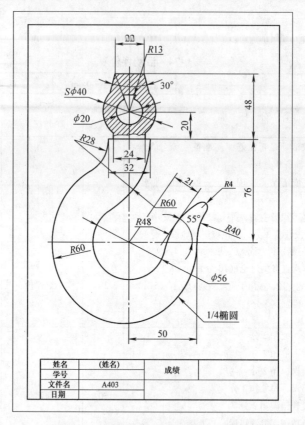

图 1-179　几何图形

6）已知圆周相切于三个图素（系统可自动计算圆心位置）——"相切、相切、相切"方式画圆。

2. 椭圆（el、⬭）

AutoCAD 提供了两种方法绘制椭圆（图 1-180）。

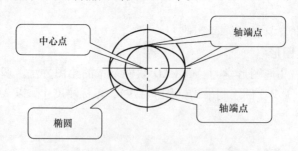

图 1-180　椭圆的画法

1）已知一条轴的两个端点和另一条半轴端点——"轴端点"方式画椭圆。

2）已知椭圆中心点及两个半轴长——"中心点"方式画椭圆。

3. 样条曲线（spl、〜）

本例中，样条曲线用于绘制剖切边界线，其要素包括起点、中间点、端点、起点切向和端点切向。

4. 图案填充（h、）

图案填充三要素包括围蔽的空间、图案名称和图案参数（角度和密度）。

5. 定数等分（divide、菜单【绘图】-【点】-【定数等分】）

定数等分是用一系列的节点将图形按指定的数量在等分点做标记，图形实际未被分割。标记点为"节点"，捕捉标记点可激活对象捕捉功能中的节点捕捉。以圆的等分为例，如图1-181所示。

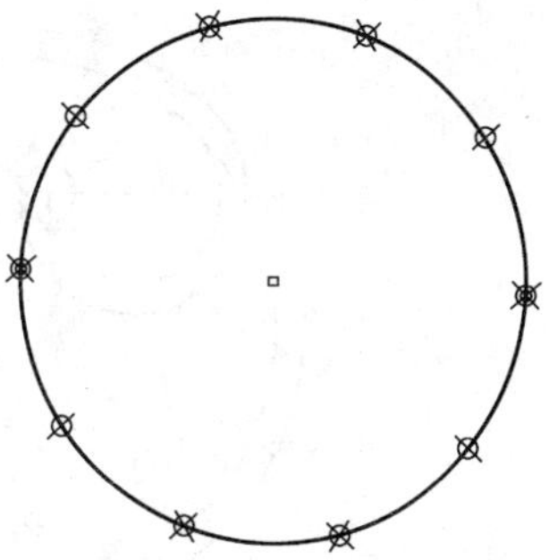

图1-181　圆的等分

二、修改命令

1. 修剪（tr、）

以一个或多个图素为边界，将超出边界的其他图形剪去，操作过程见表1-75，修剪效果如图1-182所示。

表1-75　修剪命令的操作

屏幕提示	操作	说明
命令：	tr	启动修剪命令
当前设置：投影＝UCS，边＝无选择剪切边 选择对象或＜全部选择＞：	点选或窗选边界图素	先选择用做边界的图素
选择对象：	继续选择边界	边界选择完成以确认响应提示
选择要修剪的对象，或按住 Shift 键选择要延伸的对象，或「栏选（F）/窗交（C）/投影（P）/边（E）/删除（R）/放弃（U）]：	直接点选要修剪的图素，或选择其他选项	提示格式："默认操作"或"可供选择的选项（以'/'分隔各选项）"
选择要修剪的对象，或按住 Shift 键选择要延伸的对象，或［栏选（F）/窗交（C）/投影（P）/边（E）/删除（R）/放弃（U）]：	继续选择要修剪的图素	要修剪的图素选择完成以确认响应提示
命令：		完成操作，退出命令到待命状态

小技巧

1）命令执行过程中"放弃"选项的应用——不退出修剪命令即可撤消上一次修剪操作。

2）Shift 键的"延伸"作用——按住 Shift 键再点击要延伸的对象即可将对象延伸到已选择的边界。

2. 旋转（ro、）

旋转命令用于将一个或多个图素围绕基点转过指定的角度，如图1-183所示。

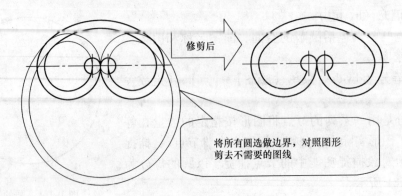

图 1-182   图形修剪示例

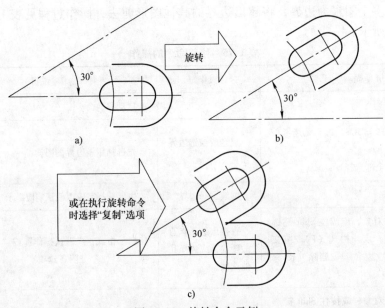

图 1-183   旋转命令示例

小技巧

一些不方便在倾斜位置绘制的图形可以采用旋转的方法。旋转命令还可以在两个位置上获得复制图形。

3. 镜像（mi、▲）

镜像命令用于复制一个或多个图素，使它们与原有图素沿某一条线对称。

小技巧

合理运用"删除源对象"选项，可对图素进行镜像（获得两套对称图像）或反像（源对象被删除）的处理。

4. 圆角（f、▢）

圆角命令用于使用已知半径的圆弧连接两个图素，圆弧与两个图素分别相切。

💡 **小技巧探讨**

　　圆角命令绘制的圆弧已知半径，且与两个图素相切，与圆命令"相切、相切、半径"选项类似，动手试试，绘制如图1-184所示图形，找找它们的不同_____。

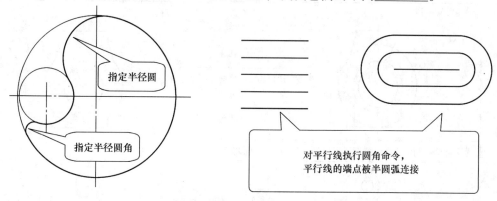

图1-184　圆角命令示例

5. 阵列（ar、▦）

　　阵列命令用于按照特定的规律复制多个相同的图素。阵列有两种形式：矩形阵列和环形阵列，如图1-185所示。

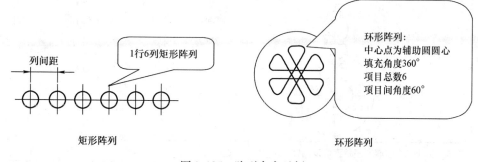

图1-185　阵列命令示例

👆 **实施活动** 绘制吊钩

一、工具/仪器

计算机。

二、工作流程

1. 以A4文件为基础，获取新文件A403

　　打开前文中保存的A4文件，将文件另存为A403，观察标题行发生的变化，当标题行显示的时候表示你正在编辑A403文件。确保A4文件不受影响。

　　A4文件中绘制的图框是横放的，吊钩的图纸是竖放的，如何获得？

2. 分析图形，确定绘图步骤

　　计算机绘图的基本过程为：已知线段——中间线段——连接线段。

　　AutoCAD 绘图相比手工绘图经常会需要更多辅助线，为了更清晰地绘图，使辅助线不会影响绘图，我们应当制定合适的绘图顺序和方法，例如，分组绘制图线等。

　　根据以上两点要求，确定绘图步骤见表 1-76。

表 1-76　吊钩的绘图步骤

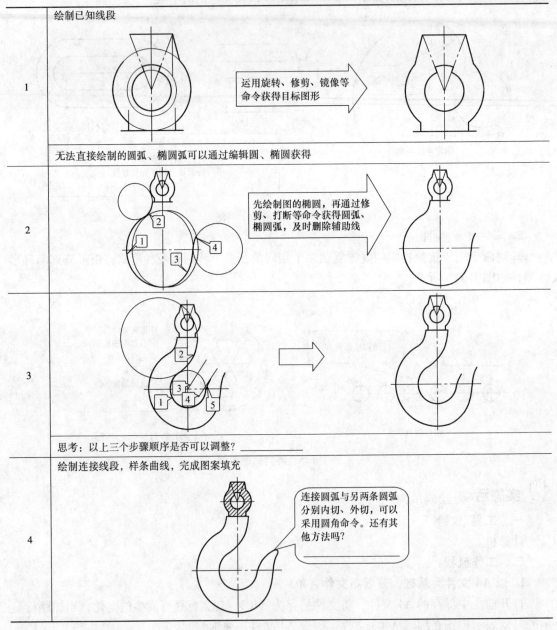

拓展练习

　　1）绘制汽车、窗花等图形，图幅、比例自定

　　2）不标注尺寸，绘制图 1-186 至图 1-192 所示图形，分别以 A403－1、A403－2、…、A403－7 为文件名保存文件。

要求：

1）在小组分组内充分讨论，制订方案，组长协调各组员间分工。

2）求同存异，最终结果独立完成，并首先进行自我检查。

3）组内对每位成员的成果进行检查，并挑选出最优作品参与展示。

4）在结果完全正确的前提下，最先完成的组可获得额外的加分。

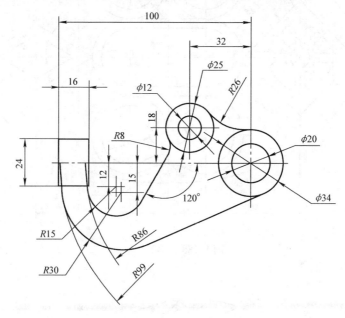

图 1-186　A403 - 1

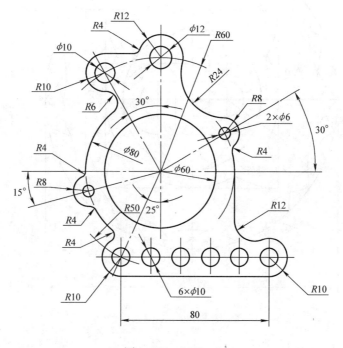

图 1-187　A403 - 2

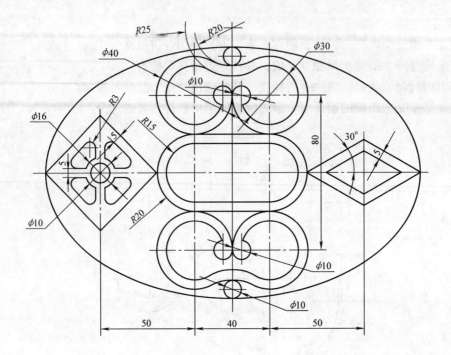

图 1-188 A403-3

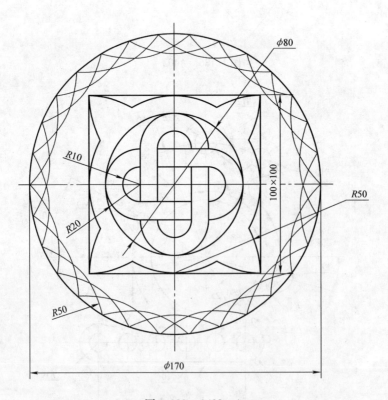

图 1-189 A403-4

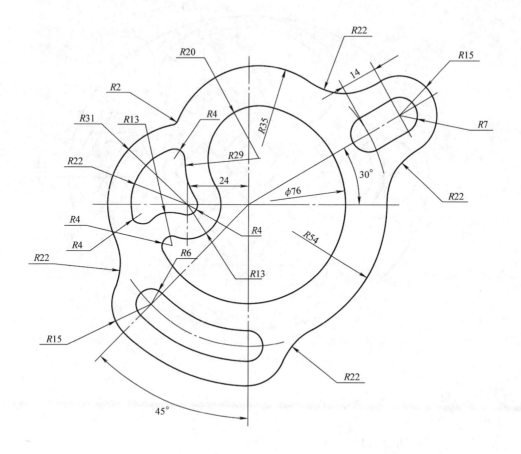

图 1-190　A403 - 5

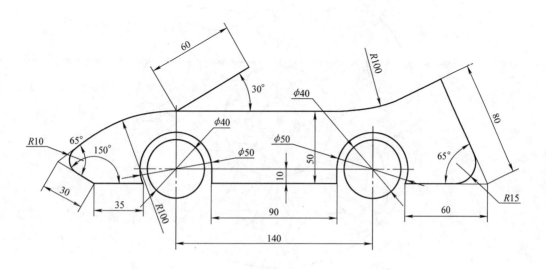

图 1-191　A403 - 6

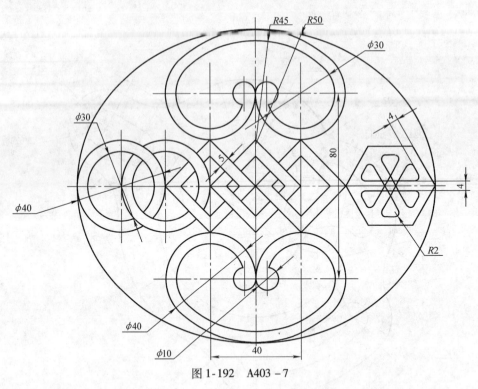

图 1-192 A403 – 7

绘图竞赛

比赛要求：

1）20min 内绘制如图 1-193 所示的窗花图形。

图 1-193 窗花图形

2）调用原来设置的图层画图，图幅为 A4，竖放，绘图比例为 1∶1。

3）不标注尺寸，以 test – 1 为文件名保存文件。

竞赛评价 （表 1-77）

表 1-77　竞赛评价表

绘图竞赛			个人名次
评分项目	评分标准	满分	评委 给分
绘图时间	1. 在 20min 内完成，获满分 2. 超时 5min 内，扣 5 分；超时 10min 内，扣 15 分； 超时 20min，不得分	30	
绘图速度	在规定时间内完成图形，第一名，加 10 分；第二名， 加 8 分；第三名，加 5 分；第四至十名，加 3 分	加分	
绘图质量	1. 线型使用错误一处扣 1 分 2. 点画线超出或不足，一处扣 1 分 3. 图层使用错误，一处扣 1 分 4. 图线错误一处扣 2 分 5. 漏画、错画一处扣 2 分 6. 图面不干净、整洁者，扣 2 ~ 5 分	70	
总分		100 + 加分	

1.6.3　计算机绘制传动轴零件图

要求根据图形尺寸，自定绘图比例及图幅大小，将任务一完成的测绘传动轴零件草图（图 1-194）用 AutoCAD 软件绘制，不标注尺寸。以"传动轴"为文件名保存。

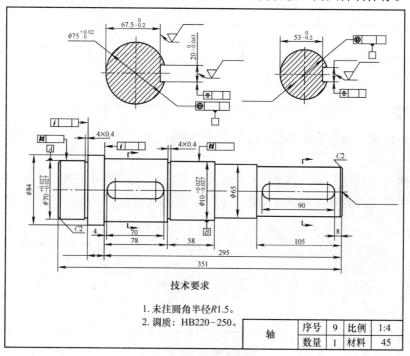

图 1-194　传动轴零件图

一、以 A4 文件为基础，获取新文件"传动轴"

打开前文任务中保存的 A4 文件，将文件另存为"传动轴"，观察标题行发生的变化，当标题行显示为"传动轴.dwg"的时候表示你正在编辑"传动轴"文件。确保 A4 文件不受影响。

由于轴零件图图纸为 A4 横放，所以需对图框进行整理，可以用旋转并移动的方法，也可以删除图框重新绘制。

二、绘制图形

1. 倒角（cha、□）

倒角命令可使用成一定角度的直线连接两个图素，这条直线可以用距离或角度的方式定义。

2. 多线（多线样式）

多线是一条由多条平行线组成的图素，系统默认值是两条平行线。绘制多线要先设置多线样式，启动【格式】菜单—【多线样式】命令，如图 1-195 所示设置所需要的多线样式。

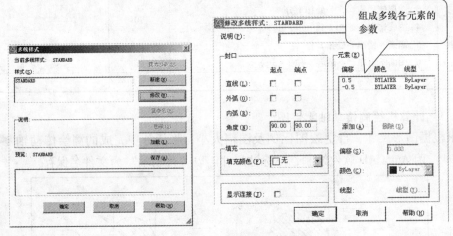

图 1-195　多线样式设置

💡**小技巧**

当前多线样式必须在绘制多线之前修改，如果图形中已有当前样式的多线，则样式就不可修改。

绘制多线（【绘图】—【多线】，或输入命令 ml），如图 1-196 所示，多线间距 50mm，以两线间的中线方式对齐（对齐方式为"无"），并将多线起点、端点落在中心线上。

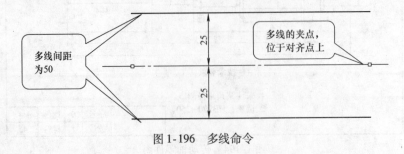

图 1-196　多线命令

绘制完成的多线是一条图线，须将其分解为直线才能进行倒角、圆角等编辑操作，分解命令为 x，图标为 ，上图多线分解后特性显示为两条直线（图 1-197）。

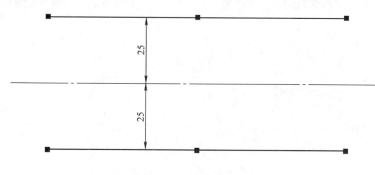

图 1-197　多线特性

实施活动 计算机绘制传动轴零件图

一、工具/仪器

计算机。

二、工作流程

1. 分析图形，确定绘图步骤

轴零件图由一个主视图和一个断面图组成。主视图为典型的对称图形，在 1.6.1 一节中我们学习过利用命令绘制对称的图形，当对称图形是一些简单的直线段的时候，也可以采用多线＋分解命令绘制。练习时，可通过运用不同方法绘制图形逐渐形成自己习惯的绘图方法，并进一步熟练操作，提高绘图速度。

2. 填表

根据以上提示，参考以下绘图步骤独立绘制图形。填写表 1-78，可与组员讨论完成。

表 1-78　绘图步骤记录、检查表

步骤	完成的内容	分步完成	自检、问题及解决
1	获得新文档	1. 新建文档：以 A4 文件为基础另存为文件 A403，建立新图形文件 2. 整理图框	1. 检查是否获得了两个文件 A4 和 A403 2. A403 文件的图框是否符合轴零件图要求 3. 检查文件保存路径及文件名
2	绘制图形	1. 绘制轴主视图： 使用命令及辅助功能：	1. 分步绘制并检查图形是否正确。 2. 过程问题记录： 3. 解决方法：

（续）

步骤	完成的内容	分步完成	自检、问题及解决
2	绘制图形	2. 绘制断面图： 使用命令及辅助功能： 3. 填写标题栏	4. 创新方法——探索其他绘制方法并经过实际验证，请记录，以备后续学习借鉴：
3	完成绘制	经过检验无误，将图形满屏显示，最终结果存盘	检查保存路径内文件完整度

活动评价 （表1-79）

表1-79　活动评价表

完成日期		工时	40min	总耗时	

任务环节	评分标准	所占分数	考核情况	扣分	得分
计算机绘制传动轴零件图	1. 为完成本次活动是否做好课前准备（充分5分，一般3分，没有准备0分） 2. 本次活动完成情况（好10分，一般6分，不好3分） 3. 完成任务是否积极主动，并有收获（积极并有收获5分，积极但没收获3分，不积极但有收获1分）	20	自我评价： 学生签名		
	1. 准时参加各项任务（5分）（迟到者扣2分） 2. 积极参与本次任务的讨论（10分） 3. 为本次任务的完成，提出了自己独到的见解（5分） 4. 团结、协作性强（5分） 5. 超时扣5~10分	30	小组评价： 组长签名		
	1. 工作页填错一处扣2分 2. 工作页漏填一处扣2分 3. 图幅、图框、标题栏、文字、图线每错一处扣2分 4. 整体视图表达、断面绘制准确，一个视图表达有误扣10分 5. 图线尺寸、图线所在图层每错一处扣2分 6. 中心线超出轮廓线3~5mm，超出或不足每处扣1分 7. 绘图前检查硬件完好状态，使用完毕整理回准备状态，没检查、没整理，每一项扣5~10分 8. 工作全程保持场地清洁，如有脏乱扣5~10分	50	教师评价： 教师签名		
总　分					

小提示

只有通过以上评价，才能继续学习哦！

活动七　总结、评价与反思

能力目标

1）能对学习任务的完成过程及学业成果进行总结、汇报。

2）能对学习任务的完成过程及完成效果进行客观公正的综合评价。

活动地点

零件测绘与分析学习工作站。

学习过程

一、工作总结

1. 学习引导

1）什么是工作总结？

（小组讨论）_____

_____。

2）为什么要撰写工作总结？

（小组讨论）_____

_____。

3）工作总结有哪些表达形式？

（小组讨论）_____

_____。

2. 总结

以小组为单位，撰写工作总结，并选用适当的表现方式向全班展示、汇报学习成果。

3. 评价（表1-80）

表1-80　工作总结评分表

评价指标	评分标准	所占分数	评价方式及得分		
			自我评价（10%）	小组评价（20%）	教师评价（70%）
参与度	小组成员能积极参与总结活动	5			
团队合作	小组成员分工明确、合理，遇到问题不推诿责任，协作性好	15			
规范性	总结格式符合规范	10			
总结内容	内容真实、针对存在问题有反思和改进措施	15			

（续）

评价指标	评分标准	所占分数	评价方式及得分		
			自我评价（10%）	小组评价（20%）	教师评价（70%）
总结质量	对完成学习任务的情况有一定的分析和概括能力	15			
	结构严谨、层次分明、条理清晰、语言顺畅、表达准确	15			
	总结表达形式多样	5			
汇报表现	能简明扼要地阐述总结的主要内容，能准确流利地表达	20			
学生姓名		小计			
评价教师		总分			

二、学习任务综合评价（表1-81）

表1-81　学习任务综合评价

评价内容	评价标准	评价等级			
		A	B	C	D
学习活动1	A. 学习活动评价成绩为 90~100 分 B. 学习活动评价成绩为 75~89 分 C. 学习活动评价成绩为 60~74 分 D. 学习活动评价成绩为 0~59 分				
学习活动2	A. 学习活动评价成绩为 90~100 分 B. 学习活动评价成绩为 75~89 分 C. 学习活动评价成绩为 60~74 分 D. 学习活动评价成绩为 0~59 分				
学习活动3	A. 学习活动评价成绩为 90~100 分 B. 学习活动评价成绩为 75~89 分 C. 学习活动评价成绩为 60~74 分 D. 学习活动评价成绩为 0~59 分				
学习活动4	A. 学习活动评价成绩为 90~100 分 B. 学习活动评价成绩为 75~89 分 C. 学习活动评价成绩为 60~74 分 D. 学习活动评价成绩为 0~59 分				
学习活动5	A. 学习活动评价成绩为 90~100 分 B. 学习活动评价成绩为 75~89 分 C. 学习活动评价成绩为 60~74 分 D. 学习活动评价成绩为 0~59 分				
学习活动6	A. 学习活动评价成绩为 90~100 分 B. 学习活动评价成绩为 75~89 分 C. 学习活动评价成绩为 60~74 分 D. 学习活动评价成绩为 0~59 分				
工作总结	A. 工作总结评价成绩为 90~100 分 B. 工作总结评价成绩为 75~89 分 C. 工作总结评价成绩为 60~74 分 D. 工作总结评价成绩为 0~59 分				
小计					
学生姓名		综合评价等级			
评价教师		评价日期			

学习任务二

测绘与分析减速器螺杆

任务情境

　　企业接到客户要求，将前文所述减速器中的螺杆进行测绘、分析，形成加工图样。技术主管将该任务交给技术员小李，要求小李在一天内完成。

　　小李接受任务后，查找资料，了解螺纹的结构及工艺要求，并与工程师沟通；确定工作方案，制订工作计划；交技术主管审核通过后，按计划实施；领取相关工具，拆样机取螺杆，徒手绘制草图；选择合适的量具对零件进行测量并标注尺寸；分析选择材料，制定必要的技术要求，用计算机绘制图样、文件保存归档、图样打印。测绘、分析过程中适时检查，确保图形的正确性，绘制完毕，主管审核正确后签字确认，图样交相关部门归档，填写工作记录。整个工作过程应遵循6S管理规范。

学习内容

1. 螺纹的种类及应用
2. 螺纹的主要参数
3. 机械设计手册的使用方法
4. 组合体的画法
5. 轴测图的画法
6. 螺纹的规定画法
7. 螺纹紧固件的画法
8. 螺纹测量工具的使用方法

9. 螺纹代号及标记
10. 螺纹的标注方法
11. 螺纹类图样的技术要求（公差）
12. 绘图软件的使用方法
13. 6S 管理知识
14. 工作任务记录的填写方法
15. 归纳总结方法

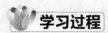 活动一 接受任务并制订方案

能力目标

1）根据任务单专业术语识读任务单。

2）判断螺纹类型。

3）计算螺纹参数。

4）通过查阅教师提供的资料（包括工作页、参考书、机械手册、互联网等），学习测绘流程，团队协作，教师指导编写任务方案。

活动地点

零件测绘与分析学习工作站。

学习过程

你要掌握以下资讯，才能顺利完成任务

一、接受任务单（表2-1）

表 2-1　测绘任务单

单号：_____　开单部门：_____　开单人：_____

开单时间：_____年_____月_____日_____时_____分

接单部门：_____部_____组

任务概述	客户要求，批量生产减速器中的螺杆，因技术资料遗失，现提供减速器实物一台，需测绘形成零件图
任务完成时间	
接单	（签名：） 　　　　　　　　　　　　　　　　　　　　　　年　　月　　日

请查找资料，将不懂的术语记录下来：

_____

_____

_____

小提示

信息采集源：1）《机械基础》

2）《机械设计手册》

其他：＿＿＿＿＿＿＿＿＿＿＿＿＿＿＿＿＿＿＿

二、螺纹的种类及应用

1. 螺纹的形成

螺纹是在圆柱或圆锥表面上，沿着螺旋线所形成的具有规定牙型的连续凸起，如图 2-1 所示。连续凸起的部分称为牙。

2. 螺纹的种类

按旋向的不同，螺纹可分为左旋螺纹和右旋螺纹（图 2-2）。

在圆柱或圆锥外表面所形成的螺纹称为外螺纹，在圆柱或圆锥内表面所形成的螺纹称为内螺纹，如图 2-3 所示。

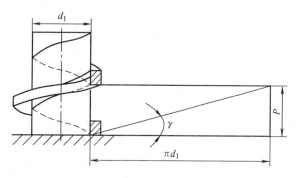

图 2-1　螺纹的形成

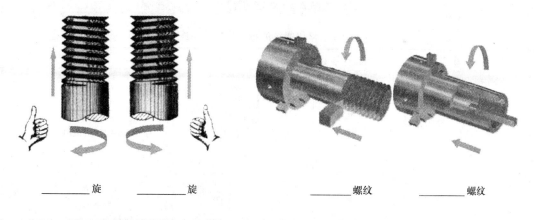

＿＿＿＿＿旋　　＿＿＿＿＿旋　　　　　　＿＿＿＿＿螺纹　　＿＿＿＿＿螺纹

图 2-2　螺纹的旋向　　　　　　图 2-3　内、外螺纹

按螺旋线的数目不同，螺纹可分为单线螺纹和多线螺纹，如图 2-4 所示。

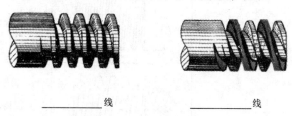

＿＿＿＿＿线　　　　　　　　　　　＿＿＿＿＿线

图 2-4　螺旋线的线数

按螺纹的牙型不同，常见的螺纹可分为三角形螺纹、梯形螺纹、矩形螺纹和锯齿形螺纹，如图 2-5 所示。

除矩形螺纹外，其他螺纹均已标准化。螺纹标准中，管螺纹采用英制尺寸，其他均采用公制尺寸。常见螺纹的特征代号及用途见表 2-2。

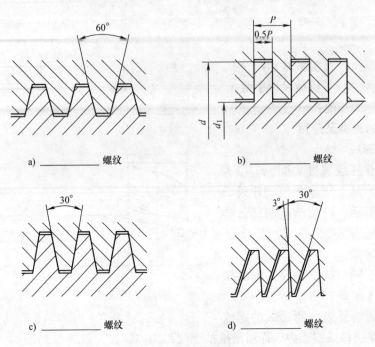

a) ＿＿＿＿＿＿螺纹　　　　　b) ＿＿＿＿＿＿螺纹

c) ＿＿＿＿＿＿螺纹　　　　　d) ＿＿＿＿＿＿螺纹

图 2-5　螺纹的牙型

表 2-2　常见螺纹的特征代号及用途

螺纹种类			特征代号	外 形 图	用　途
连接螺纹	普通螺纹	粗牙	M		是最常用的连接螺纹
		细牙			用于细小的精密或薄壁零件
	管螺纹		G		用于水管、油管、气管等薄壁管子上，用于管路的连接
传动螺纹	梯形螺纹		Tr		用于各种机床的丝杠，作传动用
	锯齿形螺纹		B		只能传递单方向的动力

常用的螺纹有普通螺纹、＿＿＿＿＿＿、＿＿＿＿＿＿和锯齿形螺纹等。

3. 螺纹的用途

螺纹在机械中的用途主要是连接和＿＿＿＿＿＿（图 2-6）。

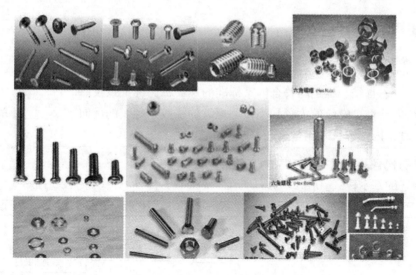

图2-6　螺纹用途

　　把需要相对固定在一起的零件用螺纹零件连接起来，作为紧固连接件用，这种连接称为**螺纹连接**；常用普通螺纹，其牙型角为_____度，如图2-5a所示。

　　利用螺纹零件把回转运动变为直线运动的传动，称为**螺旋传动**。常用的螺纹为梯形螺纹、_____。

4. 普通螺纹的主要参数

　　普通螺纹的主要参数有大径d、小径d_1、中径d_2、螺距P、导程P_h、牙型角α和螺纹升角γ等。其中螺距与导程之间的关系为：导程 = 螺距 × 线数，即$P_z = Pn$。如图2-7所示。

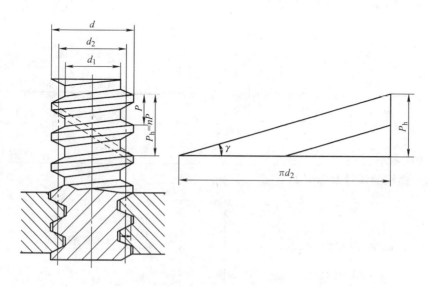

图2-7　螺纹的主要参数

想一想

什么是标准螺纹？具备什么条件的内外螺纹才能拧合在一起？

> 螺纹_____、直径、螺距均符合国家标准的螺纹称为标准螺纹。
>
> 　当螺纹的牙型、螺纹的大径和小径、螺纹的线数、螺纹的旋向_____（A. 相同 B. 相反）时，内外螺纹才能拧合在一起。

5. 螺纹的代号及标记

（1）标记的基本模式（图2-8）

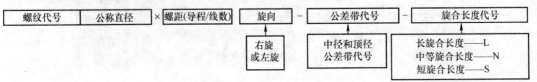

图2-8　螺纹标记基本模式

 注意

1）粗牙螺纹可以不标注螺距。

2）单线螺纹可以不标注导程与线数。

3）右旋螺纹可省略标注，左旋时则标注 LH。

4）旋合长度为中等时，"N"可省略。

（2）代号及标记示例

1）普通螺纹的代号及标记示例如下：

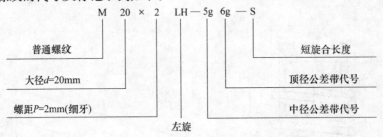

M12—6H 表示_____。

2）梯形螺纹的代号及标记如下：

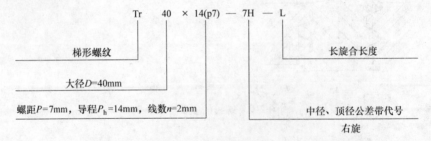

Tr32 ×6—7e—S 表示_____。

3）管螺纹的代号及标记

① 55°密封管螺纹的标记：螺纹的特征代号有 3 个，Rc 表示圆锥内螺纹，Rp 表示圆柱内螺纹，R 表示圆锥外螺纹。

②非螺纹密封的管螺纹标记由管螺纹特征代号 G、尺寸代号及公差等级代号所组成。

G1½B—LH 表示_____。

Rp1—LH 表示_____。

三、计算螺纹的主要参数

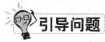

引导问题

你知道活扳手钳口的移动是通过什么传动吗？

小组讨论

1. 螺旋传动的特点

螺旋传动是利用_____副来传递运动和动力的，可以把主动件的运动转化为从动件的_____直线运动。

螺旋传动优点是结构简单，传动平稳，无噪声，传动精度高，能实现自锁。缺点是螺纹之间产生较大的相对滑动，摩擦磨损严重，传动效率低。

常用的螺旋传动有普通螺旋传动、差动螺旋传动和滚珠螺旋传动（图2-9）。

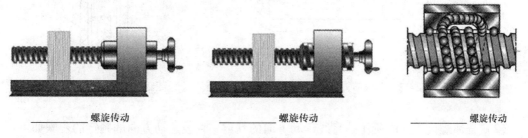

_____螺旋传动　　　　　_____螺旋传动　　　　　_____螺旋传动

图2-9　螺旋传动的类型

2. 普通螺旋传动

由螺母和螺杆组成的简单螺旋副实现的传动是普通螺旋传动。

（1）普通螺旋传动的应用形式　普通螺旋传动的应用形式有以下四种：

A. 螺母固定不动螺杆回转并作直线运动　　B. 螺杆固定不动螺母回转并作直线运动

C. 螺杆回转螺母作直线运动　　　　　　　D. 螺母回转螺杆作直线运动

如图 2-10 所示的台虎钳，为_____运动形式。

如图 2-11 所示的螺旋千斤顶，为_____运动形式。

如图 2-12 所示的车床横刀架，为_____运动形式。

如图 2-13 所示的观察镜螺旋调整装置，为_____运动形式。

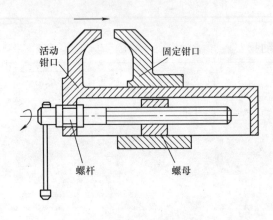

图 2-10　台虎钳

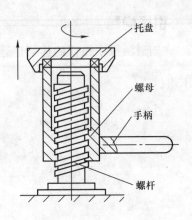

图 2-11　螺旋千斤顶

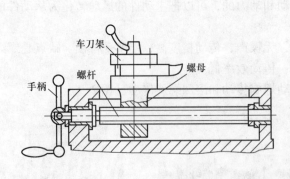

图 2-12　车床横刀架

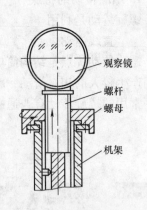

图 2-13　观察镜螺旋调整装置

（2）普通螺旋传动时所作的直线运动方向的判定　直线运动方向的判定的步骤如下：

1）右旋螺纹用_____（A. 右　B. 左）手，左旋螺纹用_____（A. 右　B. 左）手。手握空拳，四指指向与螺母（或螺杆）回转方向相同，大拇指竖直。

2）若螺杆（或螺母）回转并移动，螺母（或螺杆）不动，则大拇指指向即为螺杆（或螺母）的移动方向（图 2-14）。

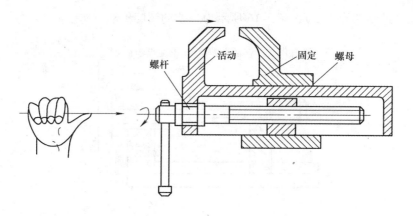

图 2-14 螺母不动，螺杆回转并移动

3）若螺杆（或螺母）回转，螺母（或螺杆）移动，则大拇指指向的_____（A. 相同　B. 相反）方向即为螺杆（或螺母）的移动方向（图 2-15）。

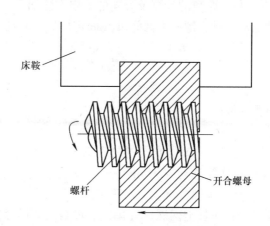

图 2-15 螺杆回转，螺母移动

（3）普通螺旋传动时所作的直线运动距离的计算　在普通螺旋传动中，螺杆（或螺母）的移动距离与螺纹的_____（A. 螺距　B. 导程）有关。直线运动距离的计算公式为：

$$L = NP_h$$

式中　L——螺杆（螺母）移动距离（mm）；

　　　N——回转周数（r）；

　　　P_h——螺纹导程（mm）。

移动速度的计算公式为：

$$v = nP_h$$

式中　v——螺杆（螺母）的移动速度（mm/min）；

　　　n——每分钟的回转周数（r/min）；

　　　P_h——螺纹导程（mm）。

3. 差动螺旋传动

由两个螺旋副组成的使活动的螺母与螺杆产生差动（即不一致）的螺旋传动称为（普

通螺旋传动、差动螺旋传动），图 2-16 所示为一差动螺旋传动机构。

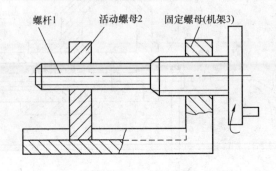

图 2-16　差动螺旋传动

螺杆 1 分别与活动螺母 2 和机架 3 组成两个螺旋副，机架上为固定螺母（不能移动），活动螺母不能回转而只能沿机架的导向槽移动。

差动螺旋传动活动螺母移动距离的计算及方向的确定方法如下：

1）旋向相同的差动螺旋传动：螺杆上两螺母（固定螺母与活动螺母）旋向相同。

$$L = N(P_{h1} - P_{h2})$$

式中　L——螺杆移动距离（mm）；

　　　N——回转周数（r）；

　P_{h1}——固定螺母导程（mm）；

　P_{h2}——活动螺母导程（mm）。

如结果为正，则活动螺母实际移动方向与螺杆移动方向_____（A. 相同　B. 相反）。

如结果为负，则活动螺母实际移动方向与螺杆移动方向_____（A. 相同　B. 相反）。

螺杆移动方向按普通螺旋传动螺杆移动方向确定。

2）旋向相反的螺旋传动：螺杆上两螺母（固定螺母与活动螺母）旋向相反。

$$L = N(P_{h1} + P_{h2})$$

活动螺母实际移动方向与螺杆移动方向_____（A. 相同　B. 相反）。

螺杆移动方向按普通螺旋传动螺杆移动方向确定。

4. 滚珠螺旋传动

在普通的螺旋传动中，螺杆与螺母的牙侧表面之间的相对运动摩擦是_____（A. 滑动　B. 滚动）摩擦，为了改善螺旋传动的功能，经常用滚珠螺旋传动技术（图 2-17a），用摩擦来替代滑动摩擦。

滚珠螺旋传动主要由螺母、滚珠、_____及_____组成。

滚珠螺旋传动的特点是：滚动摩擦阻力小、摩擦损失小、传动效率_____（A. 高　B. 低）、传动时运动稳定、动作灵敏；但结构_____，外形尺寸较大，制造技术要求_____（A. 高　B. 低），成本_____（A. 高　B. 低）。主要应用于精密传动的数控机床（滚珠丝杠传动），以及自动控制装置、升降机械和精密测量仪器等，如图 2-17b 所示。

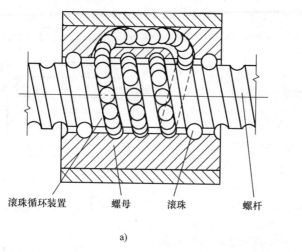

滚珠循环装置　　螺母　　滚珠　　　螺杆

a)　　　　　　　　　　　　　　　　b)

图 2-17　滚珠螺旋传动

实施活动 以 6 人一小组为单位，进行讨论

一、工具/仪器

减速器中的螺纹连接件，设计手册。

二、工作流程

1. 分析减速器中螺纹的种类、所起的作用并查表确定代号

1）分析减速器中的螺纹连接件的种类。

2）分析减速器中的螺纹连接件所起的作用。

3）选取其中的三个螺纹连接件，查表确定标记。

2. 分析图 2-18、图 2-19 所示的螺旋传动形式

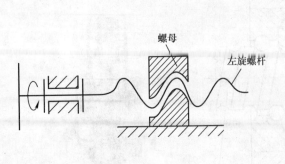

图 2-18　螺旋传动一

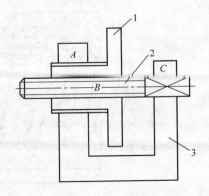

图 2-19　螺旋传动二

1）如图 2-18 所示的螺旋传动的应用形式的种类是_____。

2）如图 2-18 所示的螺杆为左旋双线螺杆，螺距为 4mm，当螺杆回转 5 周时，螺母移动的距离是多少？

计算公式为_____。

请写出计算步骤。

3）在如图 2-19 所示的微调螺旋传动中，构件 1 与机架 3 组成螺旋副 A，其导程 P_{hA} = 2.8mm，右旋。构件 2 与机架 3 组成移动副 C，构件 2 与构件 1 还组成螺旋副 B。现要求当构件 1 转 1 周时，构件 2 向右移动 0.2mm。问螺旋副 B 的导程 P_{hB} 应为多少？右旋还是左旋？请写出计算步骤。

3. 各小组写出测绘流程

活动评价（表2-3）

表2-3　活动评价表

完成日期				工时	120min	总耗时		
任务项目	任务环节	评分标准			所占分数	考核情况	扣分	得分
接受任务并制定任务方案	1. 分析减速器中螺纹的种类、所起的作用及查表确定代号	1. 准时参加各项任务（5分）（迟到者扣2分） 2. 积极参与本次讨论（10分） 3. 为本次任务的完成，提出了自己独到的见解（3分）。 4. 团结、协作性强（2分） 5. 超时扣2分			20	小组评价： 组长签名		
	2. 分析图中的螺旋传动形式、判定运动的方向及距离	1. 工作页填错扣2分 2. 工作页漏填一处扣2分 3. 分析螺纹的种类错误，扣2分 4. 螺纹标记错误，扣2分 5. 分析螺纹的运动形式错误，扣2分 6. 判定方向或计算错误，扣2分 7. 超时扣3分			70	教师评价： 教师签名		
	3. 写出测绘流程	各组选出优秀成员在全班讲解制订的测绘流程 小组互评、教师点评			10	教师评价： 小组名次		
总　分								

小提示

只有通过以上评价，才能继续学习哦！

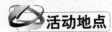

活动二 手工绘制减速器螺杆

能力目标

1）掌握机械设计手册的使用方法。
2）掌握组合体的画法。
3）掌握轴测图的画法。
4）掌握螺纹的规定画法。
5）掌握螺纹紧固件的画法。

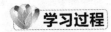
活动地点

零件测绘与分析学习工作站。

学习过程

你要掌握以下资讯，
才能顺利完成任务

2.2.1 绘制组合体三视图

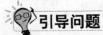
引导问题

减速器中的螺杆零件的毛坯可以看成_____和_____两个基本体组合而成的。

一、组合体

组合体是由基本体通过叠加和切割两种方式组合而成的类似机器零件的形体。

1. 组合体的组合方式

组合体的组合方式有叠加、切割和综合，如图 2-20 所示。

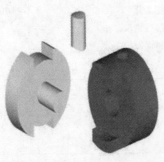

图 2-20 组合体的组合方式

2. 组合体相邻表面的位置关系

（1）表面平齐与不平齐 如图 2-21 所示。

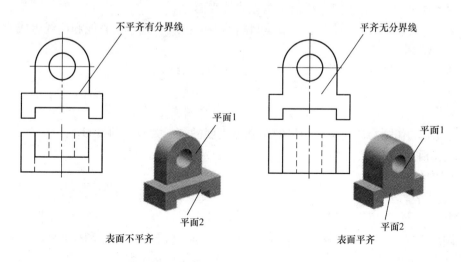

图 2-21 表面平齐与表面不平齐

不平齐＿＿＿＿＿＿＿＿（A. 有 B. 无）分界线，平齐＿＿＿＿＿＿＿＿（A. 有 B. 无）分界线。

（2）相交与相切 如图 2-22 所示。

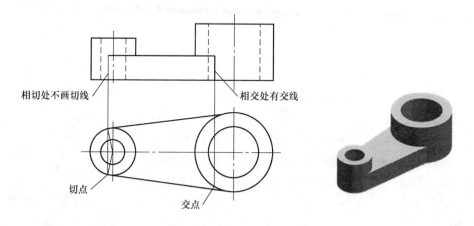

图 2-22 表面相交与表面相切

相切处＿＿＿＿＿＿＿（A. 画 B. 不画）切线，相交处＿＿＿＿＿＿＿（A. 画 B. 不画）交线。

3. 组合体上的截交线与相贯线

（1）组合体上的截交线 截断组合体的平面称为截平面，组合体被截断后的断面称为截断面。截平面与组合体表面的共有线称为＿＿＿＿＿＿＿。

（2）组合体上的相贯线 两基本体相交称为相贯体，其表面产生的交线称为相贯线。

（3）截交线与相贯线的主要性质

1）表面性：截交（相贯）线位于两立体的表面上。

2）封闭性：截交（相贯）线一般是封闭的空间折线（通常由直线和曲线组成）或空间曲线。

3）共有性：截交（相贯）线是两立体表面的共有线。

注意

求相贯线的作图实质是找出相贯的两立体表面的若干共有点的投影。

（4）求相贯线的方法

1）利用积聚性法。

2）辅助平面法。

画图的步骤包括以下内容：

A. 画出两个立方体的三视图　　　　B. 分析相贯线的形状和投影特点

C. 求作一般位置点。　　　　　　　D. 求作特殊位置点

E. 检查、修正错误，擦掉辅助线、描深

F. 判断可见性，将各点依次光滑地连接起来。

请写出正确流程：

（5）圆柱与圆柱正贯 两圆柱正贯是指两圆柱的轴线垂直并相交的相贯。

例如，求作图 2-23 所示两圆柱相贯的三视图。

两圆柱正贯，相贯线是一条封闭的、前后、左右对称的空间曲线。大圆柱的轴线垂直于侧面，大圆柱在左视图的投影积聚为圆，相贯线在左视图的投影都在此圆上。小圆柱的轴线垂直于水平面，小圆柱在俯视图的投影积聚为圆，相贯线在俯视图的投影都在此圆上。

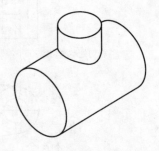

图 2-23　相贯体

作图过程如下：

1）画出两个圆柱的三视图。

2）作特殊点。先在相贯线的水平面投影上定出最左、最右、最前、最后点 A、B、C、D 的投影 a、b、c、d，如图 2-24a 所示。

3）求一般点 1、2，如图 2-24b 所示。

4）光滑连接各点，如图 2-24c 所示。

5）检查、修正错误，擦掉辅助线、描深。

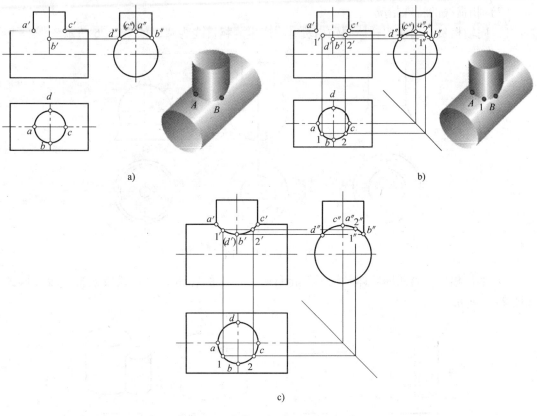

图 2-24   求作正交两圆柱的相贯线

（6）两圆柱直径的变化对相贯线的影响   如图 2-25 所示。

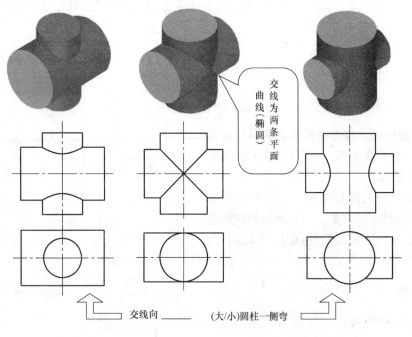

图 2-25   两圆柱直径的变化对相贯线的影响

（7）相贯线的特殊情况

1）同轴相贯。当两回转体同轴相贯时，产生的相贯线为圆，如图 2-26 所示。

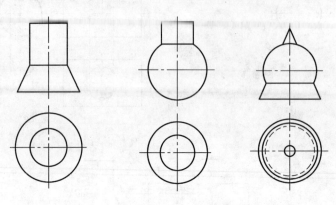

图 2-26　同轴相贯

2）平行相贯。当两回转体轴线平行相贯时，产生的相贯线为直线段或直线段和圆弧，如图 2-27 所示。

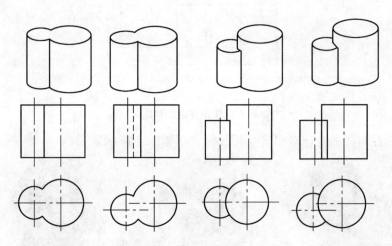

图 2-27　平行相贯

3）等径相贯。当直径相等的两圆柱正贯时，产生的相贯线为两个椭圆。其正面投影为正交的两条线。

（8）相贯线的简化画法　正交圆柱的相贯线在机器零件中最常见，如果对相贯线的精确度要求不高，可采用简化画法，如图 2-28 所示。

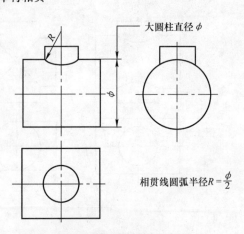

大圆柱直径 ϕ

相贯线圆弧半径 $R = \dfrac{\phi}{2}$

图 2-28　相贯线简化画法

🔍 **想一想**

根据已知两面视图，补画主视图，如图 2-29 所示。

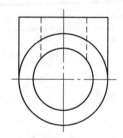

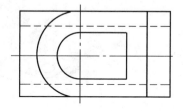

图 2-29 补画第三面视图

二、组合体的三视图画法及标注

组合体画法有＿＿＿＿＿＿＿法、＿＿＿＿＿＿＿＿＿＿法，一般以形体分析法为主，线面分析法为辅。

1. 形体分析画法

在画、读组合体的三视图和标注组合体时，可假想地将组合体分解成若干个基本体或相对独立的部分，分析这些基本体或相对独立部分的形状、组合形式及相邻表面的位置关系，这种分析组合体的方法称为＿＿＿＿＿＿＿＿＿＿＿法。

例如，轴承座的模型，运用形体分析法，可将它分解成底板、圆筒、支承板、肋板等四个部分，如图 2-30 所示。

图 2-30 形体分析法

绘图过程由以下六个步骤组成，正确流程为：＿＿＿＿＿＿＿＿＿＿＿＿＿＿。

A. 形体分析

B. 选比例，定图幅

C. 逐个画出各形体的三视图

D. 确定主视图（反映形体特征及其相对位置）

E. 布图、画基准线（常用对称平面、轴线和较大的平面）

F. 检查、描深

绘制轴承座的模型的方法和步骤如下

（1）选择主视图　选择最能反映形状特征的投射方向作主视图的投射方向，如图 2-31 所示，A、B、C、D 四个方向的视图如图 2-32 所示，图中 B 向视图较好，A 和 C 向视图不能很好地体现轮廓特征，D 向视图虚线过多。

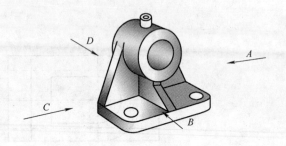

图 2-31　轴承座

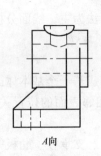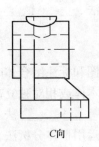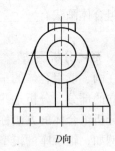

A 向　　　　B 向　　　　C 向　　　　D 向

图 2-32　选择主视图

（2）画图步骤（表 2-4）及注意点

表 2-4　轴承座画图步骤

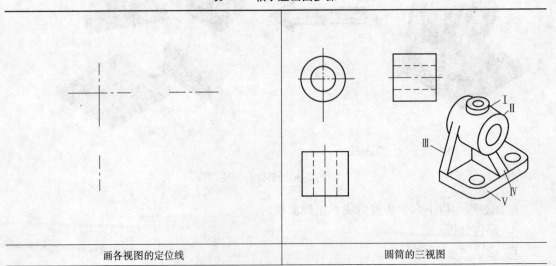

画各视图的定位线	圆筒的三视图

（续）

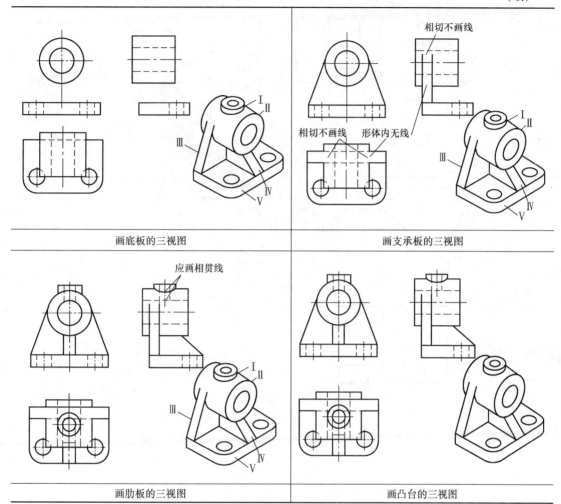

画底板的三视图	画支承板的三视图

画肋板的三视图	画凸台的三视图

1）选择适当的比例和图纸幅面。

2）根据轮廓尺寸布置视图。

3）作图过程先分后合，按每个基本立体的形状和位置，逐个画出三视图。应用形体分析法画图，既可提高作图速度，又可避免漏画或错画图线。

4）画图顺序：先画主要部分，后画次要部分；先画可见部分，后画不可见部分；先画每部分的特征视图，再画其他视图。三个视图配合作图。

2. 线面分析画法

线面分析法是运用投影规律，把物体表面分解为线、面等几何要素，通过识别这些要素的空间位置、形状，想象出物体的形状的方法。常用于切割式组合体和复杂组合体的投影分析。

例如，绘制如图 2-33 所示的三视图。

该组合体可以看成一个长方体被垂直于正面的 P 平面切割，再被两个垂直于侧平面的 Q 平面切割而形成的 V 形槽。绘图步骤见表 2-5。

图 2-33　切割式组合体

表 2-5 画切割式组合体三视图的步骤

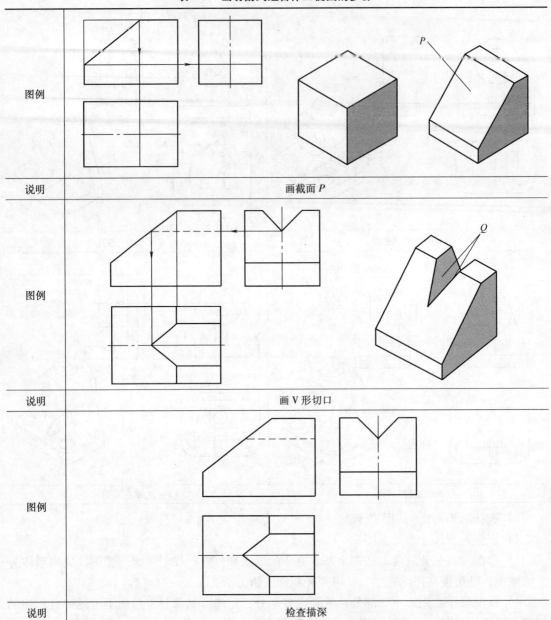

图例	画截面 P
说明	画截面 P
图例	画 V 形切口
说明	画 V 形切口
图例	检查描深
说明	检查描深

3. 组合体的尺寸标注

尺寸标注包括以下四个步骤，正确流程为_____。

A. 对组合体进行形体分析，确定尺寸基准　　　B. 根据需要，注出总体尺寸

C. 分别注出基本体的定形、定位尺寸　　　D. 检查、校核

对于轴承座模型，尺寸标注过程与方法如下：

（1）尺寸基准　确定尺寸位置的几何元素称为尺寸基准。一般情况下，常常选取形体的底面、回转体的轴线、对称中心线和主要端面作为主要尺寸基准，如图 2-34 所示。

（2）尺寸分类　图样上一般要标注三类尺寸：定形尺寸、定位尺寸及总体尺寸。

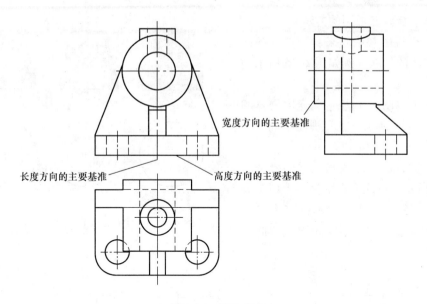

图 2-34 尺寸基准

1) _____尺寸是确定组合体各组成部分大小的尺寸。

2) _____尺寸是确定组合体各组成部分相对位置的尺寸。

3) _____尺寸是确定组合体的总长、总宽、总高的尺寸。

完成尺寸标注的轴承座组合体如图 2-35 所示。

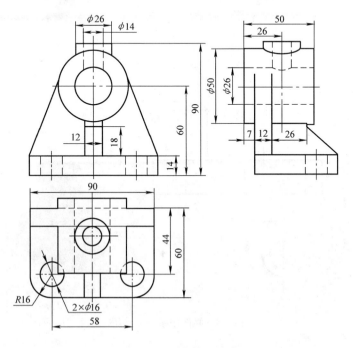

图 2-35 组合体的标注

三、读组合体三视图的方法

（1）几个视图联系起来看 一个视图不能确定物体的形状，例如图2-36所示的俯视图。

有时两个视图也不能完全确定物体的形状，如图2-37所示，主左视图相同，而俯视图不同。

（2）认清视图中线条和线框的含义 如图2-38所示，图线1表示物体上两个表面的_____线，图线2表示物体上具有积聚性的平面或曲面，图线3表示曲面的_____线。

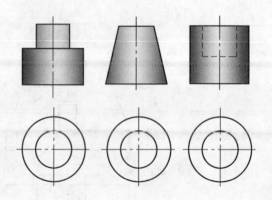

图2-36 一个视图不能确定物体的形状

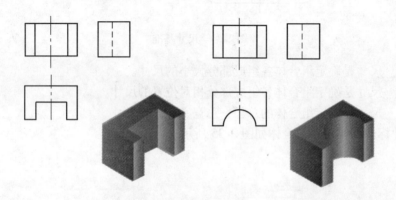

图2-37 几个视图联系起来看

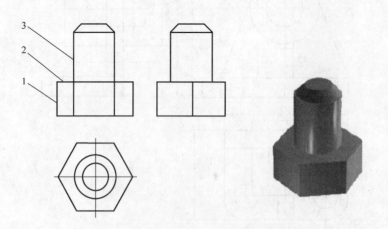

图2-38 视图中线条的分析

如图2-39所示，线框1表示一个_____面，线框2表示一个_____面，线框3表示平面与曲面相切的组合面，线框4表示一个空腔。

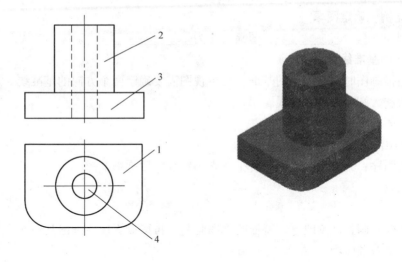

图2-39　视图中线框的分析

 实施活动一 绘制模型三视图并标注（图2-40）

分组教学，以4人一小组为单位，进行练习。

一、工具/仪器

图板、绘图铅笔、橡皮、三角板、图纸、胶带纸、丁字尺。

二、工作流程：

1. 形体分析

如图2-41所示，组合体由_____部分组成。

图2-40　模型

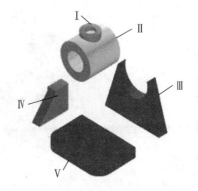

图2-41　形体分析

2. 选择视图

确定主视图一般应符合以下原则：

1）符合自然安放位置。

2）反映形体特征，也就是在主视图上能清楚地表达组成该组合体的各基本形体的形状及它们之间的相对位置关系。

3）尽量减少其他视图中的虚线。

选择A方向为主视图方向（请在图2-40上标出），因为_____。

3. 选择比例，确定图幅

绘图比例为＿＿＿＿＿＿＿＿＿＿，图幅大小为＿＿＿＿＿＿＿＿＿＿。

4. 布图，画基准线

基准线是指画图时测量尺寸的基准，每个视图需要确定两个方向的基准线。通常用对称中心线、轴线和大端面作为基准线。

本任务绘图的基准线分别为＿＿＿＿＿＿＿＿＿。

5. 逐个画出各形体的三视图

画形体的顺序：先实后空、先大后小、先画轮廓、后画细节。

注意

三个视图配合画，从反映形体特征的视图画起，再按投影规律画出其他两个视图。

本任务的绘图顺序为：

1）画轴承部分的三视图。

2）画底板的三视图。

3）画支承板的三视图。

4）画肋板的三视图。

6. 检查、描粗

略。

7. 标注组合体尺寸

略。

拓展练习

绘制如图 2-42 所示模型的三视图。

模型二

模型三

模型四

模型五

图 2-42 模型

实施活动二 根据已给出的两个视图，选择或补画第三视图

分组教学，以 4 人一小组为单位，进行练习。

一、工具/仪器

图板、绘图铅笔、橡皮、三角板、图纸、胶带纸、丁字尺。

二、工作流程

1. 选择

根据主、左两视图选择正确的俯视图（图 2-43），在正确的号码上画"√"。

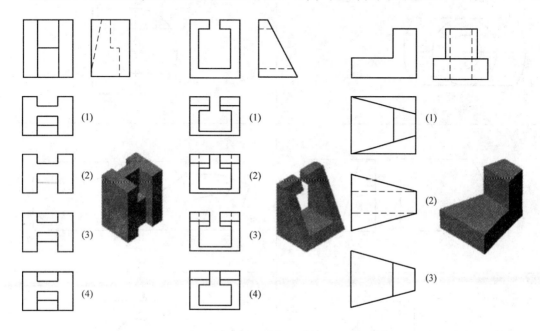

图 2-43 选择正确视图

2. 补画第三视图（表 2-6）

表 2-6 视画主视图

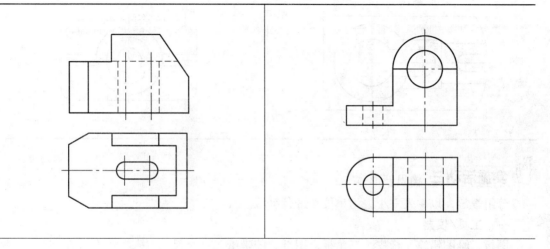

（续）

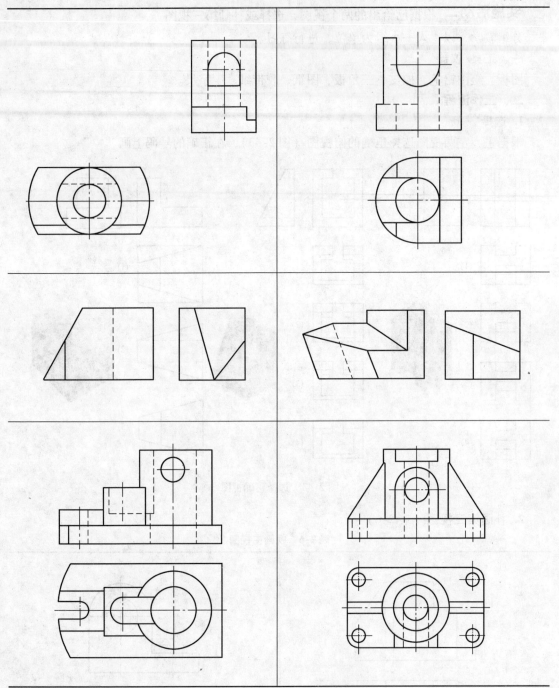

实施活动三 构思新形体

分组教学，以 4 人一小组为单位，进行练习。

一、工具/仪器

图板、绘图铅笔、橡皮、三角板、图纸、胶带纸、丁字尺。

二、工作流程

如图 2-44a、b 所示，相同的主、俯视图，可得到不同的左视图，由此根据图 2-44a 所示的主视图，构思形体，并画出四种左视图。

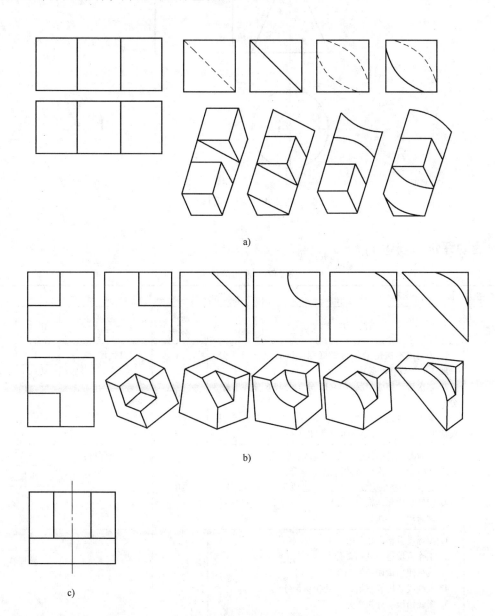

图 2-44　构思形体示例

拓展练习

如图 2-45 所示，根据主、俯、左视图的线框构思出形体，并补全视图中的漏线。

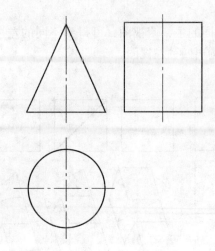

图 2-45　构思形体

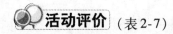（表 2-7）

表 2-7　活动评价表

完 成 日 期			工时	200min	总 耗 时		
任务环节	评 分 标 准		所占 分数	考核 情况		扣分	得分
绘制 组合体 三视图	1. 为完成本次活动是否做好课前准备（充分 5 分，一般 3 分，没有准备 0 分） 2. 本次活动完成情况（好 10 分，一般 6 分，不好 3 分） 3. 完成任务是否积极主动，并有收获（是 5 分，积极但没收获 3 分，不积极但有收获 1 分）		20	自我评价： 学生签名			
	1. 准时参加各项任务（5 分）（迟到者扣 2 分） 2. 积极参与本次任务的讨论（10 分） 3. 为本次任务的完成，提出了自己独到的见解（5 分） 4. 团结、协作性强（5 分） 5. 超时扣 5～10 分		30	小组评价： 组长签名			
	1. 图幅设置错误扣 2 分 2. 工作页填错一处扣 2 分 3. 线型使用错误一处扣 2 分 4. 点画线超出或不足，一处扣 0.5 分 5. 图线错误一处扣 2 分 6. 字体书写不认真，一处扣 2 分 7. 图面不干净、整洁，扣 2～5 分 8. 构思错一处扣 2 分 9. 超时扣 3 分 10. 违反安全操作规程扣 5～10 分 11. 工作台及场地脏乱扣 5～10 分 12. 构思每多一个加 2 分		50	教师评价： 教师签名			
总　　分							

 **小提示**

只有通过以上评价，才能继续学习哦！

2.2.2　绘制轴测图

一、轴测图的形成

用平行投影法将物体连同确定该物体的直角坐标系一起沿不平行于任一坐标平面的方向投射到一个投影面上，所得到的图形称为轴测图。

二、轴测图的投影特性

1）平行性：物体上相互平行的线段，在其轴测图中仍然相互平行。

2）定比性：平行于坐标轴的线段（轴向线段），其轴测图仍然平行于该坐标轴，且长度等于该坐标轴的轴向伸缩系数乘以线段长度。

物体上那些与坐标轴不平行的线段（非轴向线段），有不同的伸缩系数。作图时，不能应用等比性作图，而应用坐标法定出直线两端点，之后连线。

三、正等轴测图

1. 正等轴测图的形成（图2-46）

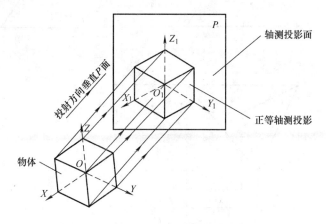

图2-46　正等轴测图的形成

2. 正等轴测图的画图参数（图2-47）

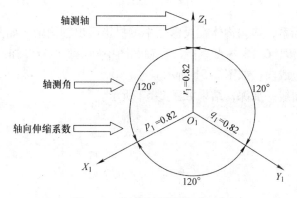

图2-47　正等轴测图的画图参数

注意

　　轴向伸缩系数是轴测轴上的单位长度与空间坐标单位长度的比值，X、Y、Z 方向伸缩系数分别为 p_1、q_1、r_1，且 $p_1 = q_1 = r_1 \approx 0.82$，为了作图方便，常把轴向伸缩系数简化为 $p = q = r = 1$。

　　轴测角是两轴测轴之间的夹角 $\angle X_1 O_1 Y_1$、$\angle X_1 O_1 Z_1$、$\angle Y_1 O_1 Z_1$，正等轴测图中的轴测角均为 $120°$。

3. 正等轴测图的画法

（1）坐标法　例如，根据三视图（图 2-48）画物体的正等轴测图，步骤如下。

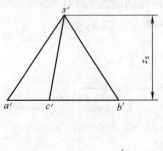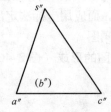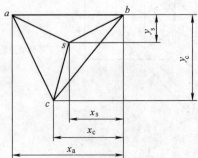

图 2-48　三视图

　　步骤一：确定坐标系，连同物体在投影图中的投影画出轴测轴，如图 2-49 所示。
　　步骤二：根据 A、B、C、S 各点坐标，在轴测图中确定其位置，如图 2-50 所示。
　　步骤三：连接相应线段，如图 2-51 所示。
　　步骤四：擦去作图线并加深，结果如图 2-52 所示。

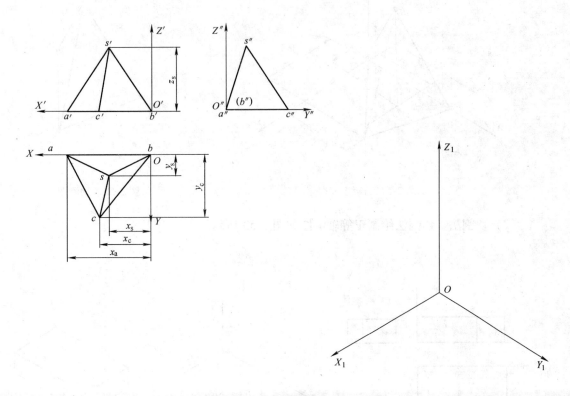

图 2-49　画轴测轴

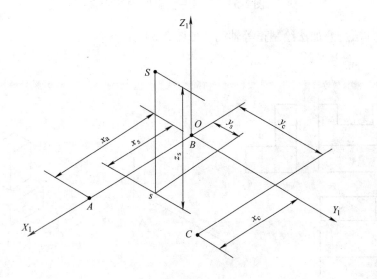

图 2-50　确定点的位置

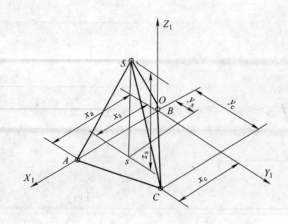 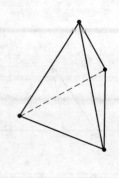

图 2-51　连线　　　　　　　　　　　　　　　图 2-52　轴测图

（2）切割法　切割法绘制正等轴测图如图 2-53 所示。

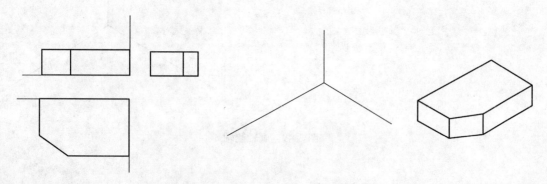

图 2-53　切割法绘制的正等轴测图

（3）叠加法　叠加法绘制正等轴测图如图 2-54 所示。

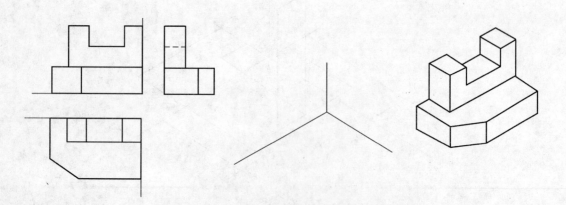

图 2-54　叠加法绘制的正等轴测图

（4）圆柱体的正等测图

1）水平圆的正等轴测图：如图2-55所示，由于正等轴测图的三个坐标轴均倾斜于轴测投影面，所以三个坐标面上圆的投影均为椭圆。为简化作图，椭圆采用近似画法——四心法。

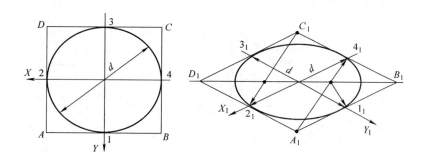

图2-55　水平圆的正等轴测图

2）作图步骤　绘制圆柱体的正等轴测图有以下四个步骤，如图2-56所示，正确流程为

_____。

A. 根据视图尺寸画出上、下圆平面的轴测投影

B. 根据视图画出轴测轴

C. 绘制两椭圆两侧的公切线

D. 擦去多余图线，检查、加深

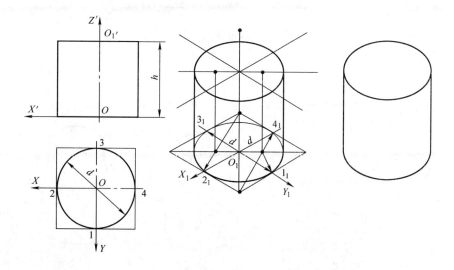

图2-56　圆柱体的正等轴测图

对于平面图，平行于三个坐标不同坐标面的正等轴测图的形状和大小完全相同，除长、短轴的方向不同外，画法都一样，如图2-57所示。正等轴测图中椭圆的长轴方向与菱形的长对角线重合，短轴方向与菱形的短对角线重合。

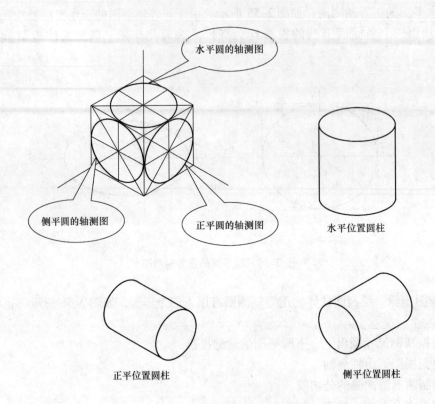

图 2-57　三向圆正等轴测图的画法

（5）圆台的正等轴测图　圆台的正等轴测图如图 2-58 所示。

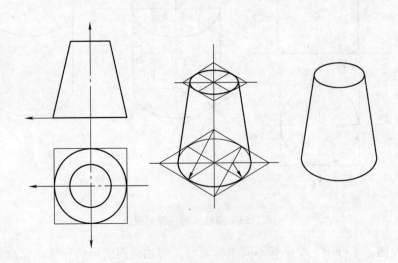

图 2-58　圆台的正等轴测图

（6）圆弧的正等轴测图　平行于基本投影面的圆弧是圆的一部分，因此，其轴测图是椭圆的一部分。常见的 1/4 圆周的圆弧，其正等轴测图恰好是上述近似椭圆的四段圆弧中的一段。通常采用简化画法步骤如下：

步骤一：画出长方体的轴测图，按圆弧半径 R 确定切点 Ⅰ、Ⅱ、Ⅲ、Ⅳ，如图 2-59 所示。

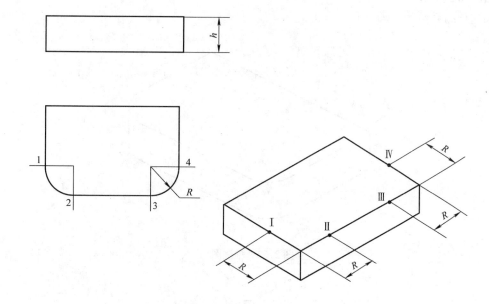

图 2-59　画长方体的轴测图

步骤二：过切点 Ⅰ、Ⅱ、Ⅲ、Ⅳ 分别作相应棱线的垂线，得焦点 O_1、O_2，以 O_1 为圆心，O_1Ⅰ为半径作圆弧 $\overset{\frown}{ⅠⅡ}$。以 O_2 圆心，O_2Ⅲ 为半径作圆弧 $\overset{\frown}{ⅢⅣ}$，得平板顶面圆弧的轴测图，如图 2-60 所示。

步骤三：将圆心 O_1、O_2 下移平板厚度 h，用同样方法得平板底面圆弧的轴测图，如图 2-61 所示。

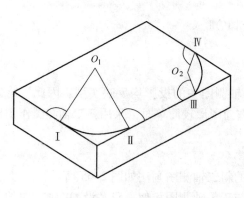

图 2-60　画顶面圆弧

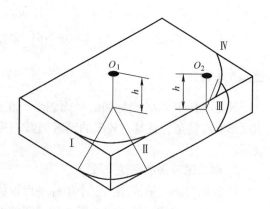

图 2-61　画底面圆弧

步骤四：在右端作上下圆弧的公切线，擦去多余图线，得带圆角平板的轴测图，如图 2-62 所示。

四．斜二轴测图

1. 斜二轴测图的形成（图 2-63）

2. 斜二轴测图的画图参数（图 2-64）

轴间角 $\angle ZOX = 90°$，$\angle ZOY = \angle XOY = 135°$。

轴向伸缩系数为 $p = r = 1$，$q = 0.5$。

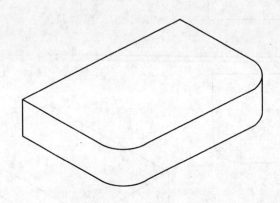

图 2-62　轴测图

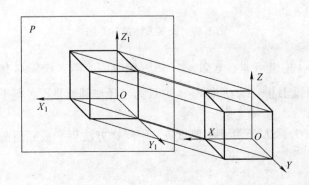

图 2-63　斜二轴测图的形成

 注意

凡是平行于 *XOZ* 坐标面的平面图形，在斜二轴测图中的投影均反映实型。因此当物体正面形状较复杂，且具有较多的圆或圆弧，其他方向图形较简单时，采用斜二轴测图作图比较简便。

3. 斜二轴测图的画法

（1）圆的斜二轴测图　三个坐标平面内的圆的斜二轴测图画法如图 2-65 所示。

（2）斜二轴测图的画法　斜二轴测图的画法与正等轴测图相似，只是沿 *OY* 轴方向的长度取物体相应长度的一半，如图 2-66 所示。

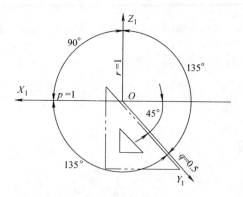

图 2-64　斜二轴测图的画图参数

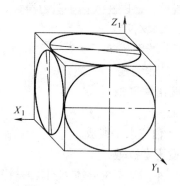

图 2-65　三向圆的斜二轴测图

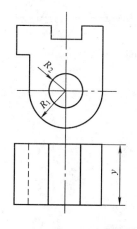

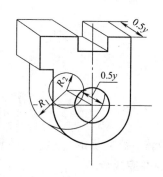

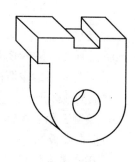

图 2-66　斜二轴测图的画法

实施活动　根据三视图（图 2-67）绘制轴测图

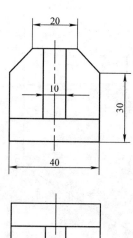

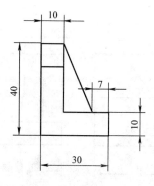

图 2-67　三视图

分组教学，以4人一小组为单位，进行练习。

一、工具/仪器

图板、绘图铅笔、像皮、二角板、图纸、胶带纸、丁字尺。

二、工作流程

1. 画出轴测轴

Z轴处于_____（A. 水平　B. 垂直）位置。

X、Y轴与水平线成_____°，如图2-68所示。

2. 设置坐标轴

轴测轴一般选在形体本身某一特征位置的线上，可以是主要棱线、对称中心线或轴线等。

请在三视图上画出X、Y、Z坐标轴。

3. 根据尺寸定出底板各点位置

略。

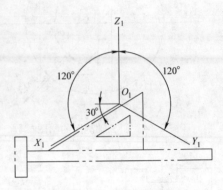

图2-68　画轴测轴

4. 连接各点

底板原来的整体形状为_____体。

5. 绘制立板的轴测图

立板的整体形状为_____体。

6. 绘制三角肋板轴测图

肋板在底板的_____位置，在立板的_____位置。

7. 擦去多余作图线，描深并完成全图

略。

拓展练习

绘制如图2-69、图2-70所示三视图的轴测图。

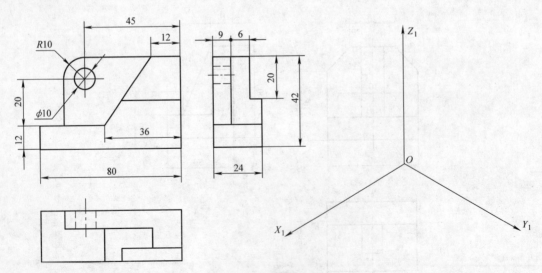

图2-69　绘制轴测图一

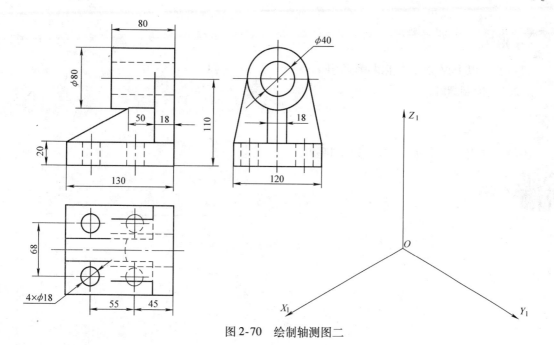

图 2-70　绘制轴测图二

活动评价（表 2-8）

表 2-8　活动评价表

完成日期			工时	120min	总耗时		
任务环节	评 分 标 准			所占分数	考核情况	扣分	得分
绘制轴测图	1. 为完成本次活动是否做好课前准备（充分 5 分，一般 3 分，没有准备 0 分） 2. 本次活动完成情况（好 10 分，一般 6 分，不好 3 分） 3. 完成任务是否积极主动，并有收获（积极并有收获 5 分，积极但没收获 3 分，不积极但有收获 1 分）			20	自我评价： 学生签名		
	1. 准时参加各项任务（5 分）（迟到者扣 2 分） 2. 积极参与本次任务的讨论（10 分） 3. 为本次任务的完成，提出了自己独到的见解（5 分） 4. 团结、协作性强（5 分） 5. 超时扣 5～10 分			30	小组评价： 组长签名		
	1. 图纸选择不合理扣 3 分 2. 绘制比例选择不合理扣 5 分 3. 轴测图表达不合理或未能完整表达扣 10～15 分 4. 线型使用错误一处扣 1 分 5. 图线使用错误一处扣 2 分 6. 字体书写不认真，一处扣 2 分 7. 漏画、错画一处扣 5 分 8. 图面不干净、整洁，扣 2～5 分 9. 超时扣 3 分 10. 违反安全操作规程扣 5～10 分 11. 工作台及场地脏乱扣 5～10 分			50	教师评价： 教师签名		
总　　分							

小提示

只有通过以上评价，才能继续学习哦！

2.2.3　绘制螺杆

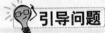 **引导问题**

螺纹如何表达？是按真实投影绘制吗？

 小组讨论

一、螺纹的规定画法

绘制螺纹时，若按螺纹的真实投影作图非常麻烦，而且标准螺纹均使用专用工具加工，不需要真实投影。国家标准对螺纹的画法及其标注分别进行了规定。

外螺纹一般用视图表示，内螺纹多用剖视图表示。

1. 外螺纹的画法（图2-71）

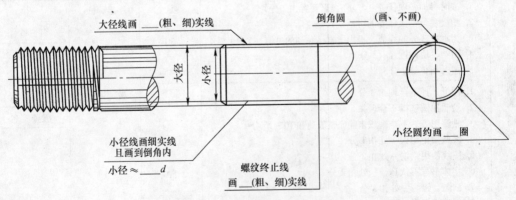

图2-71　外螺纹的画法

2. 内螺纹的画法

（1）内螺纹通孔的画法（图2-72）

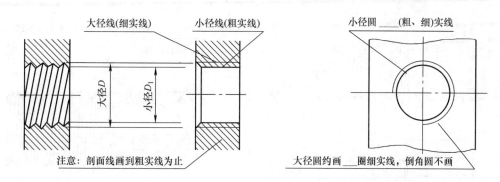

图 2-72　内螺纹通孔的画法

（2）内螺纹不通孔的画法　内螺纹不通孔的形成过程如图 2-73 所示，其画法如图 2-74 所示。

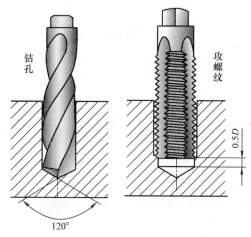

图 2-73　内螺纹不通孔的形成过程

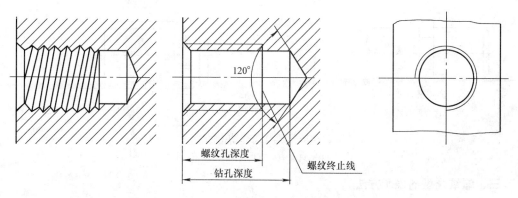

图 2-74　内螺纹不通孔的画法

二、螺纹局部结构的画法与标注

1. 结构

螺纹末端加工有倒角，以防止螺纹端部损坏，便于_____。

退刀槽和螺纹收尾的结构如图 2-75 所示。

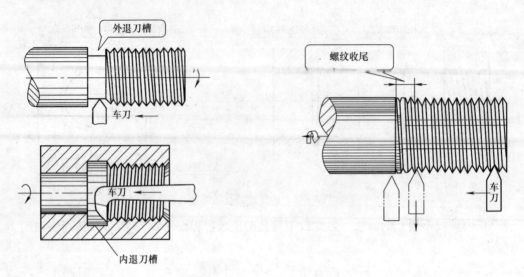

图 2-75 螺纹局部结构

2. 螺纹局部结构的画法（图 2-76）

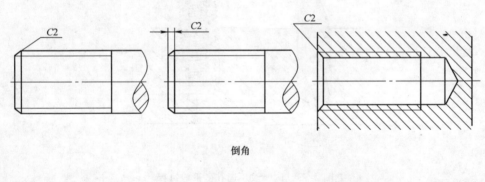

倒角

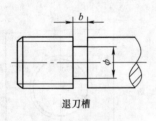

退刀槽

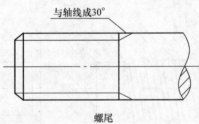

螺尾

图 2-76 螺纹局部结构的画法

注：螺尾只在有要求时才画，不需标注。

三、螺纹牙型的表示方法

螺纹牙型可用重合画法或移出局部放大画法表示，如图 2-77 所示。

四、螺纹旋合的画法

在剖视图 2-78 中，旋合部分按_____（A. 内 B. 外）螺纹画法绘图，其余部分按_____（A. 内 B. 外）螺纹各自的画法表示，若外螺纹制在实心柱体上，剖切平面通过其轴线时，按_____（不剖切、剖切）画出。

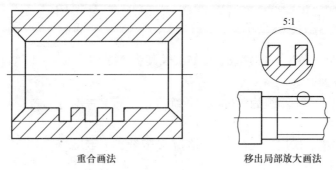

重合画法　　　　　　　移出局部放大画法

图2-77　牙型的表示方法

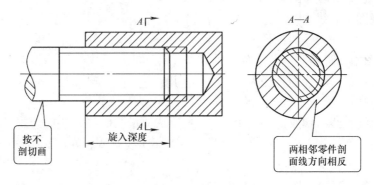

图2-78　螺纹旋合的画法

五、螺纹的标注

螺纹的标注如图2-79所示,尺寸界线应从螺纹大径引出。

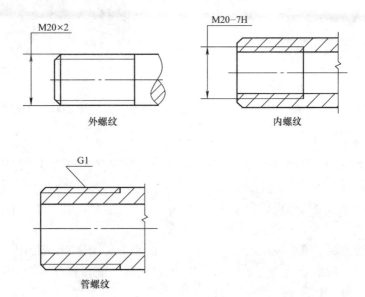

外螺纹　　　　　　　　内螺纹

管螺纹

图2-79　螺纹的标注

 注意

对于管螺纹,G右面的数字不是管螺纹大径,而是它的公称直径。"1"表示1

_____（A. mm   B. in）。

实施活动 绘制 M20 的内螺纹、外螺纹及其旋合图

训练时间为 4 课时。

分组教学，以 4 人一小组为单位，进行练习。

一、工具/仪器

图板、绘图铅笔、橡皮、三角板、图纸、胶带纸、丁字尺。

二、工作流程

1. 绘制外螺纹 M20（图 2-80）

1）绘制视图中心线。

2）画螺纹大径。大径的直径为_____，用_____（A. 粗　B. 细）实线绘制，在投影为圆的视图中，圆画_____圈。

3）画螺纹小径。小径的直径为_____，用_____（A. 粗　B. 细）实线绘制，在投影为圆的视图中，圆画_____圈。

4）画螺纹终止线。螺纹终止线用_____（A. 粗　B. 细）实线绘制。

5）画倒角。倒角用_____（A. 粗　B. 细）实线绘制，在投影为圆的视图中，倒角圆_____（A. 画　B. 不画）。

2. 绘制内螺纹 M20（图 2-81）

图 2-80　外螺纹

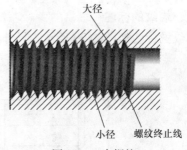

图 2-81　内螺纹

1）绘制视图中心线。

2）画螺纹大径。大径的直径为_____，用_____（A. 粗　B. 细）实线绘制，在投影为圆的视图中，圆画_____圈。

3）画螺纹小径。小径的直径为_____，用_____（A. 粗　B. 细）实线绘制，在投影为圆的视图中，圆画_____圈。

4）画螺纹终止线。螺纹终止线用_____（A. 粗　B. 细）实线绘制。

5）画倒角。倒角用_____（A. 粗　B. 细）实线绘制，在投影为圆的视图中，倒角圆_____（A. 画　B. 不画）。

3. 绘制内、外螺纹的旋合图

1）绘制中心线。

2）画_____（A. 内　B. 外）螺纹，大径线和大径线对齐，小径线和小径线对齐。

3）确定内螺纹的端面位置。

4）画内螺纹及其余部分投影。

 **活动评价**（表2-9）

表2-9　活动评价表

完成日期		工时	120min	总耗时		
任务环节	评 分 标 准		所占分数	考核情况	扣分	得分
绘制螺杆	1. 为完成本次活动是否做好课前准备（充分5分，一般3分，没有准备0分） 2. 本次活动完成情况（好10分，一般6分，不好3分） 3. 完成任务是否积极主动，并有收获（是5分，积极但没收获3分，不积极但有收获1分）		20	自我评价： 学生签名		
	1. 准时参加各项任务（5分）（迟到者扣2分） 2. 积极参与本次任务的讨论（10分） 3. 为本次任务的完成，提出了自己独到的见解（5分） 4. 团结、协作性强（5分） 5. 超时扣5～10分		30	小组评价： 组长签名		
	1. 图纸选择不合理扣3分 2. 绘制比例选择不合理扣5分 3. 视图表达不合理或未能完整表达扣10～15分 4. 线型使用错误一处扣1分 5. 中心线超出轮廓线应为3～5mm之间，不足或超出过多者每处扣1分 6. 图线使用错误一处扣2分 7. 字体书写不认真，一处扣2分 8. 漏画、错画一处扣5分 9. 图面不干净、整洁，扣2～5分 10. 超时扣3分 11. 违反安全操作规程扣5～10分 12. 工作台及场地脏乱扣5～10分		50	教师评价： 教师签名		
总　　分						

 **小提示**

只有通过以上评价，才能继续学习哦！

2.2.4　绘制减速器螺栓

 **引导问题**

机器中常常需要将两个零件紧固地连接起来。常用的紧固件有哪些？

![小组讨论图标] 小组讨论

一、常见的螺纹连接件

常用螺纹连接件有双头螺柱、螺栓、螺钉、螺母、垫圈等，请填写出如图 2-82 所示的螺纹连接件的名称。

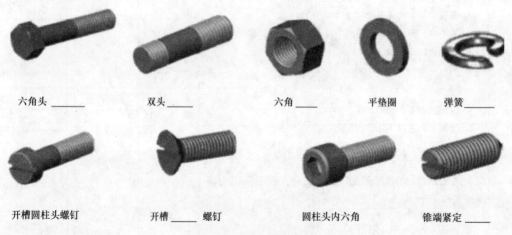

六角头 _____　　双头 _____　　　　　　六角 _____　　平垫圈　　　弹簧 _____

开槽圆柱头螺钉　　开槽 _____ 螺钉　　　　圆柱头内六角　　锥端紧定 _____

图 2-82　常见的螺纹连接件

二、常用的螺纹紧固件的简化画法及标记（表 2-10）

表 2-10　常用螺纹紧固件的简化画法及标记

名称	简化画法	规定标记示例
六角螺母	$0.8d$　$2d$	螺母 GB 6172　M12

（续）

名称	简化画法	规定标记示例
六角头螺栓	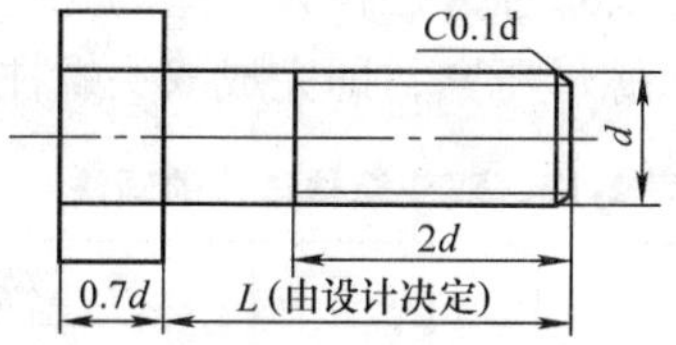 $C0.1d$　d　$2d$　$0.7d$　L（由设计决定）	螺栓 GB 5790　M12×90
垫圈	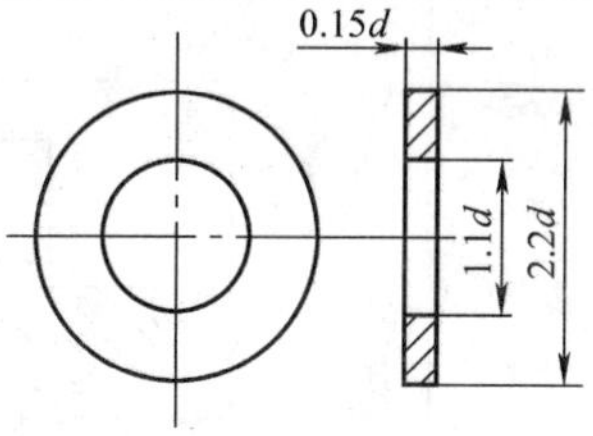 $0.15d$　$1.1d$　$2.2d$	垫圈 GB 95　12
开槽圆柱头螺钉	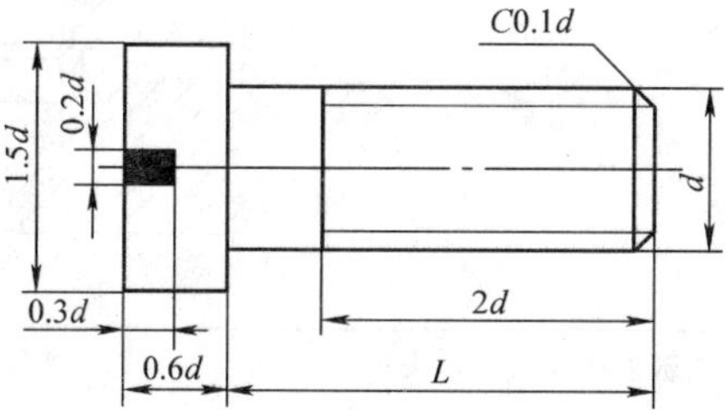 $1.5d$　$0.2d$　$C0.1d$　d　$0.3d$　$0.6d$　$2d$　L	螺钉 GB 65　M12×L

三、螺栓连接的画法

螺栓连接是用螺栓、垫圈、螺母将需要坚固在一起的两个或两个以上的零件连接起来的方法。被连接件上应事先钻出比螺栓杆部稍大的光通孔，然后穿入螺栓杆部，套上垫圈，再拧上螺母压紧，即完成螺栓连接。其画法见表2-11。

表 2-11　螺栓连接的画法

螺栓连接	螺栓连接的画法
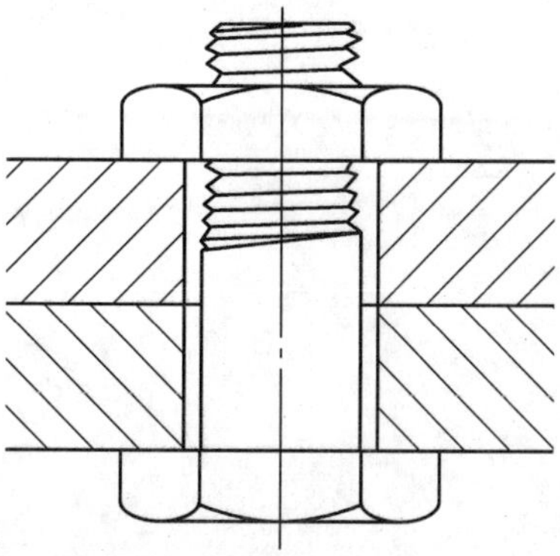	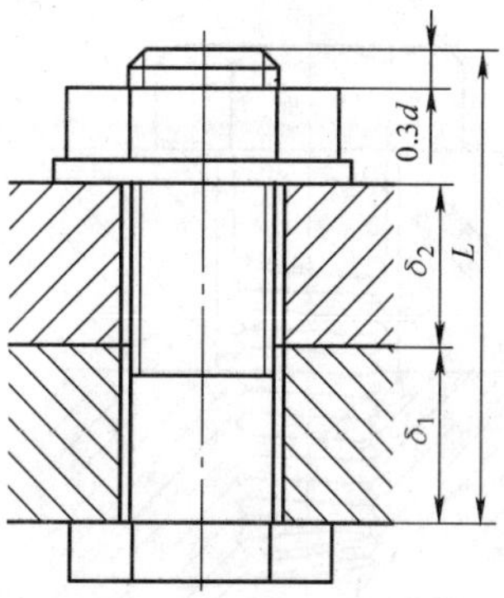 $0.3d$　L　δ_2　δ_1

注：1. 被连接件上的孔径 = $1.1d$。

　　2. 两块板的剖面线方向不同。

　　3. 剖切面通过螺杆的轴线时，螺栓、垫圈、螺母按不剖画。

　　4. 螺栓的有效长度计算公式为：$L_计 = \delta_1 + \delta_2 + 0.15d$（垫圈厚）$+ 0.8d$（螺母厚）$+ 0.3d$，计算后查表取标准值。

四、双头螺柱连接的画法

使用双头螺柱连接时，先在被连接零件之一上制出螺纹孔，将双头螺柱放入端的外螺纹全部拧入螺纹孔，然后将制有比双头螺杆大径稍大一些的光通孔的其他连接件套入双头螺杆外露的紧固端，再装上垫圈，拧入螺母压紧，即完成双头螺柱连接。其画法如图 2-12 所示。

表 2-12　双头螺柱连接的画法

双头螺柱连接	双头螺柱连接的画法
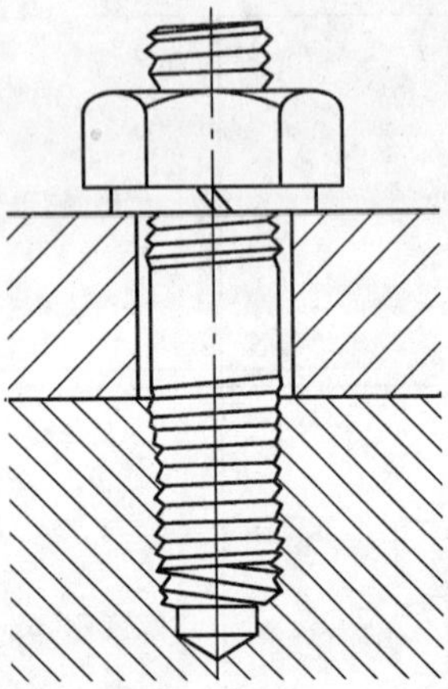	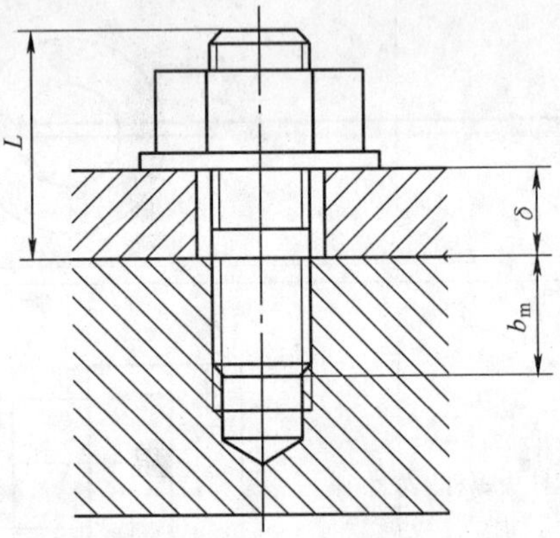

注：$L_{计} = \delta + 0.15d + 0.8d + 0.3d$，$b_m$ 由被连接件的材料决定。

五、螺钉连接的画法

螺钉连接常用于被连接件受力不大，又不经常拆卸的场合。

将被连接件之一制出螺纹孔，另一被连接件制出比螺钉大径稍大的光通孔，再将光通孔和螺纹孔对正，拧入螺钉并压紧，即完成螺钉的连接。其画法见表 2-13。

表 2-13　螺钉连接的画法

螺钉连接	请查国家标准，将螺钉连接图画在空白处
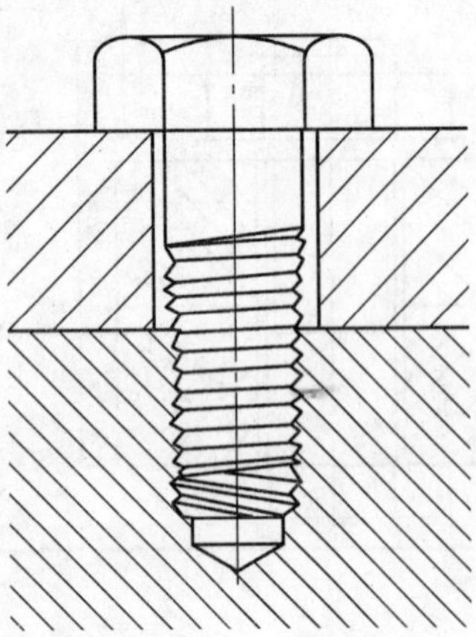	

注：螺钉长度：$L_{计} = b_m + \delta$。钢制螺钉：$b_m = d$，铸铁制螺钉：$b_m = 1.25d$ 或 $1.5d$，铝制螺钉：$b_m = 2d$。

实施活动　绘制减速器中螺栓（图2-83）的连接图

六角头螺栓

图2-83　减速器中的螺栓

分组教学，以4人一小组为单位，进行练习。

一、工具/仪器

图板、绘图铅笔、橡皮、三角板、图纸、胶带纸、丁字尺。

二、工作流程

1. 确定螺纹公称直径

螺纹的公称直径是指螺纹的_____（A. 大径　B. 小径）。螺栓的公称直径为_____，代号为_____。螺母的公称直径为_____，代号为_____。

2. 画螺栓（图2-84）

画螺栓时，先画_____（A. 主　B. 俯）视图，因为在三个视图中，应优先选择积聚性强的视图；再画_____（A. 主　B. 俯）视图。

螺栓相当于_____（A. 内　B. 外）螺纹，俯视图中大径用_____（A. 粗　B. 细）实线画，直径为_____，画_____圈；小径用_____（A. 粗　B. 细）实线，直径为_____，画_____圈；主视图中螺纹长度为_____，螺纹终止线用_____（A. 粗　B. 细）实线。

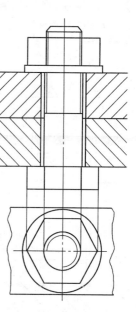

图2-84　螺栓的画法

3. 画上、下箱体的厚度

螺栓与螺纹孔之间应_____（A. 画　B. 不画）出间隙，图中的间隙为_____（A. 一　B. 两）条线。

上、下箱体为两相邻零件，在剖视图中的剖面线方向_____（A. 相同　B. 相反），用_____（A. 粗　B. 细）实线绘制。

4. 画螺母

螺母的厚度为_____。

指出图 2-85 中螺钉连接画法的错误。

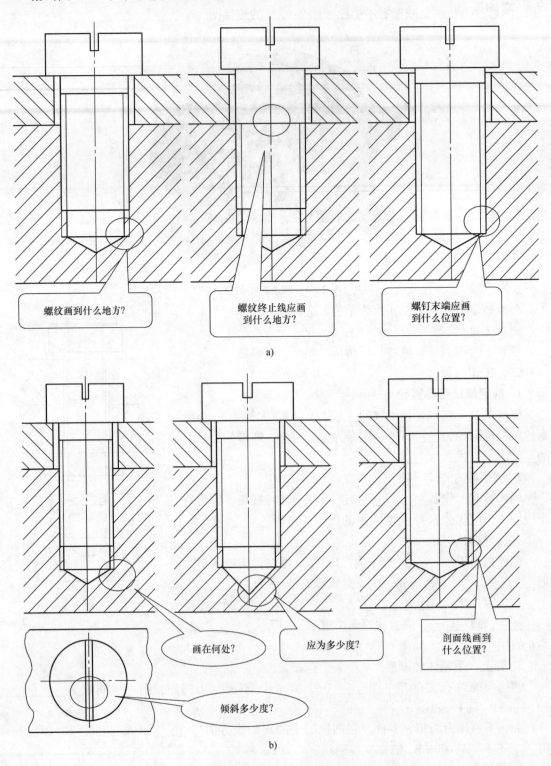

图 2-85　螺钉连接的错误画法

错误1：_____。

错误2：_____。

错误3：_____。

错误4：_____。

错误5：_____。

错误6：_____。

5. 加深图线

略。

活动评价（表2-14）

表2-14　活动评价表

完成日期			工时	120min	总耗时		
任务环节	评 分 标 准			所占分数	考核情况	扣分	得分
绘制减速器螺栓	1. 为完成本次活动是否做好课前准备（充分5分，一般3分，没有准备0分） 2. 本次活动完成情况（好10分，一般6分，不好3分） 3. 完成任务是否积极主动，并有收获（是5分，积极但没收获3分，不积极但有收获1分）			20	自我评价： 学生签名		
	1. 准时参加各项任务（5分）（迟到者扣2分） 2. 积极参与本次任务的讨论（10分） 3. 为本次任务的完成，提出了自己独到的见解（5分） 4. 团结、协作性强（5分） 5. 超时扣5～10分			30	小组评价： 组长签名		
	1. 图纸选择不合理扣3分 2. 绘制比例选择不合理扣5分 3. 视图表达不合理或未能完整表达扣10～15分 4. 线型使用错误一处扣1分 5. 中心线超出轮廓线应为3～5mm，不足或超出过多者每处扣1分 6. 图线使用错误一处扣2分 7. 字体书写不认真，一处扣2分 8. 漏画、错画一处扣5分 9. 图面不干净、整洁，扣2～5分 10. 超时扣3分 11. 违反安全操作规程扣5～10分 12. 工作台及场地脏乱扣5～10分			50	教师评价： 教师签名		
总 分							

 小提示

只有通过以上评价，才能继续学习哦！

活动三　测量并标注螺纹

能力目标

1) 能正确使用螺纹测量工具。

2) 使用螺纹代号及标记。

3) 能正确标注螺纹。

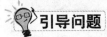

活动地点

零件测绘与分析学习工作站。

引导问题

如何能知道自己加工出的螺纹是否合格？用什么办法去检测？

（各小组讨论、思考、查找资料）

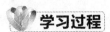

学习过程

你要掌握以下资讯，才能顺利完成任务

一、普通螺纹的基本要求

使用螺纹连接时，要保证它的互换性，普通螺纹必须满足以下性能要求。

1. 可旋合性

可旋合性是指不经任何选择或_____，且不要特别地用力，即可将内、外螺纹自由地旋合。

2. 连接可靠性

连接可靠性是指内、外螺纹旋合后接触均匀，以减少内、外螺纹发生破坏的危险，且在长期使用过程中，有足够可靠的结合力。

二、螺纹的检测

1. 螺纹中径的测量

1) 用螺纹千分尺测量螺纹中径，适合于测量精度要求_____（A. 高　B. 不高）的螺纹。其使用方法与外径千分尺相同，不同之处是要选用专用测头。每对测头只能测量一定螺距范围的螺纹中径，如图 2-86 所示。

2) 用量针测量适合于测量精度要求_____（A. 高　B. 不高）的螺纹。

为减小牙型半角误差对测量的影响，应选取最佳量针直径。

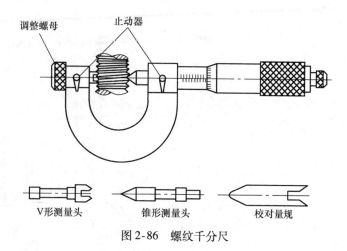

调整螺母　止动器

V形测量头　　锥形测量头　　校对量规

图 2-86　螺纹千分尺

2. 螺纹的综合检验

对螺纹进行综合检验时，使用的是螺纹量规（分为塞规和环规）和光滑极限量块，它们都由通规和止规组成。光滑极限量规用于检验＿＿＿＿＿＿＿（A. 内　B. 外）螺纹＿＿＿＿＿＿＿（A. 顶径　B. 中径）尺寸的合格性，螺纹量规的通规用于检验内螺纹的作用中径及＿＿＿＿＿＿＿（A. 底径　B. 顶径）的合格性，螺纹量规的止规用于检验内、外螺纹＿＿＿＿＿＿＿（A. 单一中径　B. 顶径）的合格性。

（1）外螺纹的综合检验（图 2-87）

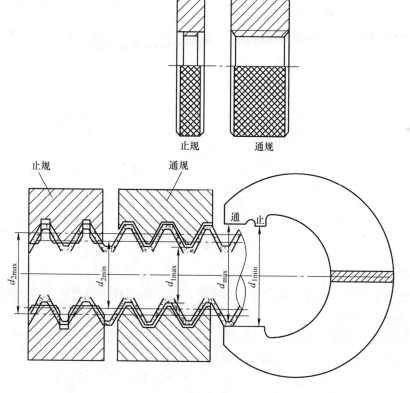

止规　　通规

止规　　　　通规

通　止

d_{2max}　d_{2min}　d_{1max}　d_{max}　d_{1min}

图 2-87　检验外螺纹的示意图

（2）内螺纹的综合检验（图 2-88）

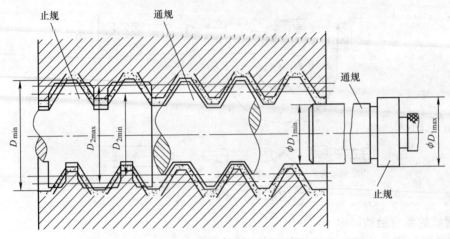

图 2-88　检验内螺纹的示意图

 实施活动 测量螺杆尺寸并标注

分组教学，以 6 人一小组为单位进行。

一、工具/仪器

绘图工具套/人，螺纹塞规、环规各 2 套/组，螺纹千分尺 2 把/组。

二、工作流程

1. 减速器上的连接螺栓的检测

（1）用普通螺纹千分尺测量螺纹的中径　如图 2-89 所示，测量普通外螺纹中径的步骤如下：

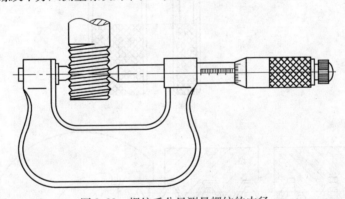

图 2-89　螺纹千分尺测量螺纹的中径

1）选择合适的螺纹千分尺。

2）用螺纹千分尺测量时，根据被测螺纹螺距大小按螺纹千分尺附表选择测头大小，装入千分尺，并校正零位。

3）测量时直接从螺纹千分尺中读取数据并记录在检测报告中（表 2-15）。

（2）用螺纹塞规、螺纹环规对螺纹进行综合检验

1）按要求，选择合适的螺纹塞规、螺纹环规（外螺纹选_____，内螺纹选_____）。

2）按照图 2-87，图 2-88 进行检测。

3）测量将结果记录在表 2-16 中。

表 2-15 检测报告

零件	名　称	螺纹标注	最小极限尺寸	最大极限尺寸	安全裕度
计量器具	名　称	测量范围	示值范围	分度值	仪器不确定度
测 量 数 据		实际尺寸			
		1 - 1	2 - 2		3 - 3
合格性判断					
	姓名	班级	学号		成绩

表 2-16 检测记录

检测对象	检测工具	合格条件
内螺纹		
外螺纹		
合格性判断		

2. 标注尺寸

略。

活动评价（表2-17）

表 2-17 活动评价表

完成日期			工时	120min	总耗时		
任务环节		评 分 标 准		所占分数	考核情况	扣分	得分
测量并标注螺栓	1. 为完成本次活动是否做好课前准备（充分5分，一般3分，没有准备0分） 2. 本次活动完成情况（好10分，一般6分，不好3分） 3. 完成任务是否积极主动，并有收获（积极并有收获5分，积极但没收获3分，不积极但有收获1分）			20	自我评价： 学生签名		
	1. 准时参加各项任务（5分）（迟到者扣2分） 2. 积极参与本次任务的讨论（10分） 3. 为本次任务的完成，提出了自己独到的见解（5分） 4. 团结、协作性强（5分） 5. 超时扣5~10分			30	小组评价： 组长签名		
	1. 测量器具选错一次扣5分 2. 测量器具使用错误一次扣5分 3. 测量步骤错一处扣3分 4. 数据处理错一处扣3分 5. 违反安全操作规程扣5~10分 6. 工作台及场地脏乱扣5~10分			50	教师评价： 教师签名		
总　分							

小提示

只有通过以上评价，才能继续学习哦！

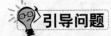活动四 分析螺杆

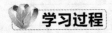**能力目标**

1）查阅机械设计手册、上网查找资料，采用类比法，确定螺杆的公差。

2）在零件图上，标注螺杆技术要求。

活动地点

零件测绘与分析学习工作站。

引导问题

如何选择螺纹的尺寸公差？

（各小组讨论、思考、查找资料）

学习过程

你要掌握以下资讯，才能顺利完成任务

一、螺纹连接的公差与配合

1. 普通螺纹的公差带（国家标准 GB/T 197—2003）

（1）基本偏差（决定公差带的位置）

1）国家标准对外螺纹规定了四种基本偏差，代号分别为 e、f、g、h。

2）国家标准对内螺纹规定了两种基本偏差，代号分别为 H 和 G。

（2）公差等级（决定公差带的大小）　一般，螺纹的常用公差等级为_____级（表2-18）。

表2-18　螺纹的常用公差等级

螺纹直径	公差等级
内螺纹小径 D_1	4、5、6、7、8
内螺纹中径 D_2	4、5、6、7、8
外螺纹大径 d_1	4、6、8
外螺纹中径 d_2	3、4、5、6、7、8、9

2. 普通螺纹的旋合长度、精度等级和配合的选择

1）一般，旋合长度优先选用中等旋合长度 N 组。

2）螺纹精度等级规定了三个等级：精密级、中等级、粗糙级。

3）内、外螺纹的常用的配合有：H/h、G/h、H/g。

① 为了方便拆装及改善螺纹的疲劳强度，一般选用小间隙配合（H/g、G/h）。

② 为了保证足够的连接强度和接触高度及便于装拆，通常采用 H/h 的配合。

螺纹的公差带位置、牙底形状和基本偏差系列如图 2-90 所示。

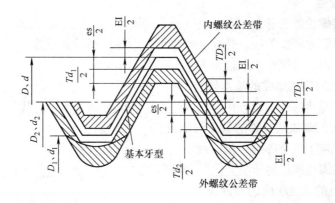

公差带

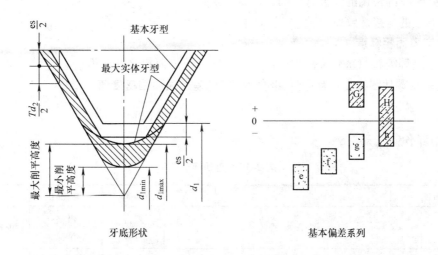

牙底形状　　　　　　　　基本偏差系列

图 2-90　螺纹公差带位置、牙底形状和基本偏差系列

二、螺纹表面粗糙度要求

螺纹牙型表面粗糙度值的选用，主要根据公差等级和用途来确定。对疲劳强度要求高的螺纹底牙表面，其表面粗糙度参数 Ra 应不大于 $0.32\mu m$。

三、螺纹在图样上的标记

1）螺纹的完整标记由螺纹代号、公称直径、_____、_____和（或）数值组成。

2）无论内、外螺纹，其标记均应标注在公称直径尺寸线上。

实施活动　标注螺杆、螺纹紧固件的尺寸公差及粗糙度值

分组教学，以 6 人一小组为单位进行。

一、工具/仪器

绘图工具套/人，螺纹塞规、环规各 2 套/组，螺纹千分尺 2 把/组。

二、工作流程

1. 确定螺纹的公差

减速器上的连接螺栓的公称直径为_____，螺距为_____，公差等级为_____。根据不同的直径、螺距和公差等级查螺纹公差表可得内螺纹小径公差为_____，外螺纹大径公差为_____，内、外螺纹中径公差为_____。

2. 确定减速器上的连接螺纹的基本偏差

减速器上的连接螺栓的基本偏差代号为_____，螺母的基本偏差代号为_____。

3. 确定减速器上的螺纹连接件的公差与配合

螺纹精度等级规定了三个等级：精密级、_____、_____。

减速器上的连接螺栓螺纹属于_____精度等级。

4. 确定减速器上的连接螺纹的旋合长度

旋合长度为_____。

5. 确定减速器上的连接螺纹配合性质：

内、外螺纹的常用的配合有 H/h、G/h、H/g

减速器上的连接螺纹属于_____配合。

6. 确定表面粗糙度

根据公差等级和用途要求，减速器上的连接螺纹表面粗糙度值为_____。

7. 在螺纹零件图样上及紧固件图样上标注公差及表面粗糙度值

略。

活动评价　（表2-19）

表2-19　活动评价表

完成日期			工时	120min	总耗时		
任务 环节		评 分 标 准		所占 分数	考核 情况	扣分	得分
标注螺杆、螺纹紧固件的尺寸公差及粗糙度值		1. 为完成本次活动是否做好课前准备（充分 5 分，一般 3 分，没有准备 0 分） 　2. 本次活动完成情况（好 10 分，一般 6 分，不好 3 分） 　3. 完成任务是否积极主动，并有收获（是 5 分，积极但没收获 3 分，不积极但有收获 1 分）			20	自我评价： 　　　　　学生签名		

（续）

任务环节	评分标准	所占分数	考核情况	扣分	得分
标注螺杆、螺纹紧固件的尺寸公差及粗糙度值	1. 准时参加各项任务（5分）（迟到者扣2分） 2. 积极参与本次任务的讨论（10分） 3. 为本次任务的完成，提出了自己独到的见解（5分） 4. 团结、协作性强（5分） 5. 超时扣5~10分	30	小组评价： 组长签名		
	1. 确定螺纹的公差大小，选错扣5分 2. 确定减速器上的连接螺纹的基本偏差，错一处扣2分 3. 确定减速器上的连接螺纹的精度等级与配合，错一处扣2分 4. 确定减速器上的连接螺纹表面粗糙度值，错一处扣2分 5. 螺纹的标记，错一处扣2分 6. 违反安全操作规程扣5~10分 7. 工作台及场地脏乱扣5~10分	50	教师评价： 教师签名		
总　　分					

小提示

只有通过以上评价，才能继续学习哦！

活动五　计算机绘制减速器螺杆零件图

学习目标

1）能灵活运用 AutoCAD 软件中的绘图和编辑指令。

2）能选择合适的命令和辅助功能绘制组合体三视图。

3）能选择合适的绘图命令绘制螺杆零件图。

4）正确设置图纸参数，将完成的图样打印归档。

学习地点

零件测绘与分析学习工作站、计算机室。

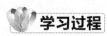**学习过程**

你要掌握以下资讯，才能顺利完成任务

一、绘图命令

1. 构造线（xl、）

构造线是一条无限长的直线，可以通过修剪的方式变成射线或直线，通常图形中不会存在构造线，它主要用于做辅助线。构造线剪去一端即变为射线，射线剪去无限长的一端即变成直线。

2. 操作要点

构造线命令的操作要点见表2-20。

表 2-20　构造线命令操作要点

屏幕提示	下一级选项	屏幕提示	操作	说明
命令：			xl	启动构造线命令
指定点或＜水平（H）垂直（V）角度（A）二等分（B）偏移（O）＞：	水平（H）	指定通过点	鼠标左键点击水平构造线需经过的点	可依次输入多个点绘制多条水平构造线直到回车退出命令
	垂直（V）	指定通过点	鼠标左键点击垂直构造线需经过的点	可依次输入多个点，绘制多条垂直构造线，直到回车退出命令
	角度（A）	输入构造线的角度或参照（R）	1. 直接键入角度值 2. 输入选项 R	1. 角度值直接确定构造线的倾斜角度 2. 参照选项可以使构造线与参照直线成一定角度，如图2-91所示
	二等分（B）	指定角的顶点： 指定角的起点： 指定角的端点：	捕捉角的顶点 捕捉一条边上任一点 捕捉另一条边上一点	
	偏移（O）	指定偏移距离或〔通过（T）〕	1. 指定与已知直线的距离和偏移方向 2. 输入选项 T	
命令：				完成操作，退出命令到待命状态

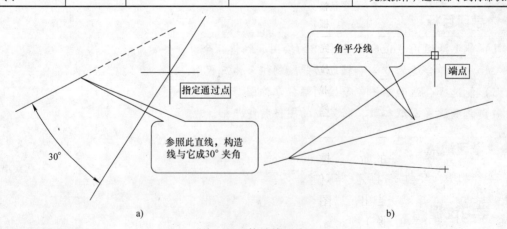

a)　　　　　　　　　　　　　　　　b)

图 2-91　构造线用法

二、编辑命令

1. 拉伸（s、 ）

可以将拉伸的定义理解为把图线的某些位置像橡皮筋一样拉长。

例如，如图 2-92 所示的形体总长应为 60mm，而绘制成 50mm，尺寸和视图都须改动。使用拉伸命令进行编辑，可以一次编辑修改到位。此时使用交叉窗口（或交叉多边形窗口）选择对象，且不动点在窗口外，动点在窗口内，如图 2-92a 所示。

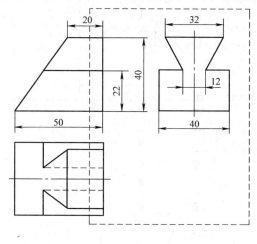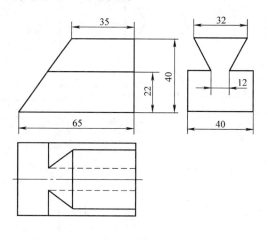

a)　　　　　　　　　　　　　　　　　b)

图 2-92　拉伸命令用法

2. 操作要点

拉伸命令的操作要点见表 2-21。

表 2-21　拉伸命令操作要点

屏幕提示	操作	说明
命令：	s	启动拉伸命令
以交叉窗口或交叉多边形选择要拉伸的对象 STRETCH 选择对象：	键入 c，回车，以矩形交叉窗口框选要拉伸的部位，如图 2-92a 所示，需要移位的是整个左视图和主视图、俯视图的右侧，框选虚线窗口内的图形	拉伸命令仅移动位于交叉窗口选择内的顶点和端点，不更改那些位于交叉窗口选择外的顶点和端点。与窗口边缘交叉的图线按顶点移动后的位置被位伸
选择对象：	选择完成，回车响应，或继续选择	
指定基点或［位移（D）］	点击拉伸参照的基点	
指定第二个点	点击拉伸结束的点。拖动水平极轴，输入距离值"15"，回车	
命令：		完成操作，退出命令到待命状态

通常，快捷键越短的命令就越常用，拉伸命令快捷键仅一个字母 s，实际应用中也是很方便实用的。如图 2-93 所示，不仅关联尺寸可以被拉伸，就连包含剖面线的图形也可以通过拉伸命令轻松编辑。当出现绘图错误时，应首先考虑使用编辑命令去修改图形，而不要像手工绘图那样擦掉（删除）重画。

练一练

抄画如图 2-94、图 2-95 所示的两幅三视图，注意运用构造线对齐方式、对象捕捉及对象追踪对齐方式。

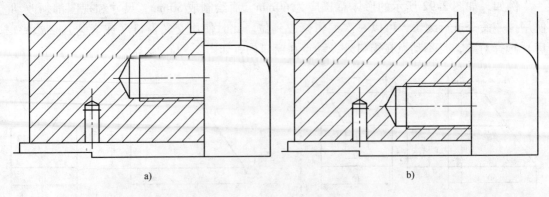

图 2-93 拉伸命令用法示例

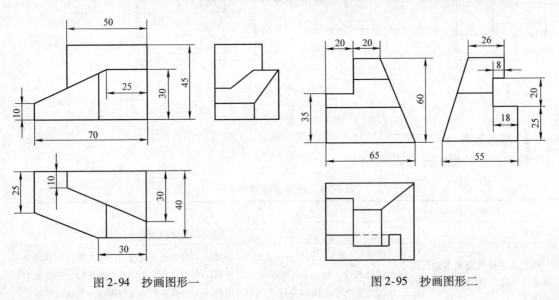

图 2-94 抄画图形一

图 2-95 抄画图形二

实施活动 绘制螺杆图纸

一、工具/仪器

计算机。

二、工作流程

1. 绘图过程

1）新建图形文件，设置相关系统参数。

2）绘制三视图。根据投影规律，相对应的图素在三个视图同步进行绘制。

三视图的投影规律：长对正、高平齐、宽相等。

手工绘图的对齐方法如图 2-96 所示。

运用软件绘图时，可利用任务一活动六学习的对象捕捉和对象追踪功能对齐水平位置或垂直位置的点。宽相等的对齐方法如图 2-97 所示。

3）整理图线：删除辅助线，调整图形位置。

4）可供参考的图样如图 2-98 所示。注意，此图未标注尺寸。

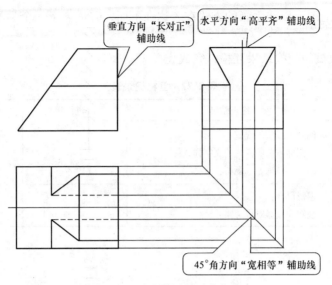

图 2-96　手工绘图的对齐方法

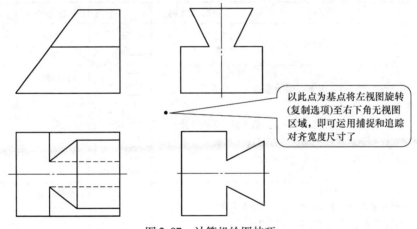

图 2-97　计算机绘图技巧

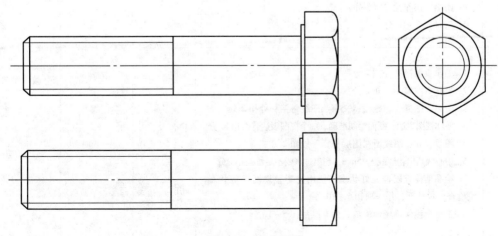

图 2-98　参考图样

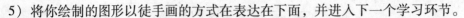

5）将你绘制的图形以徒手画的方式在表达在下面，并进入下一个学习环节。

2. 小范围互检

在组内两两成员间交换结果互检，完成表2-22。

表 2-22　互检记录表

检查项目	检查结果	改进结果	检查人签名
系统参数	图层、线型、线宽： 与国标有关的样式，文字样式： 图幅、图框、标题栏：		
图形	图形尺寸： 视图间投影对应关系：		

活动评价（表2-23）

表 2-23　活动评价表

完成日期		工时		总耗时		
任务环节	评 分 标 准		所占分数	考核情况	扣分	得分
计算机绘制螺杆图，归档	1. 为完成本次活动是否做好课前准备（充分5分，一般3分，没有准备0分） 2. 本次活动完成情况（好10分，一般6分，不好3分） 3. 完成任务是否积极主动，并有收获（积极并有收获5分，积极但没收获3分，不积极但有收获1分）		20	自我评价： 学生签名		
	1. 准时参加各项任务（5分）（迟到者扣2分） 2. 积极参与本次任务的讨论（10分） 3. 为本次任务的完成，提出了自己独到的见解（5分） 4. 团结、协作性强（5分） 5. 超时扣5～10分		30	小组评价： 组长签名		
	1. 工作页填错一处扣2分 2. 工作页漏填一处扣2分 3. 图幅、图框、标题栏、文字、图线每错一处扣2分 4. 整体视图表达、断面绘制准确，一个视图表达有误扣10分 5. 图线尺寸、图线所在图层每错一处扣2分 6. 中心线超出轮廓线3～5mm，超出过多或不足每处扣1分 7. 绘图前检查硬件完好状态，使用完毕整理回准备状态，没检查、没整理，每一项扣5～10分 8. 工作全程保持场地清洁，如有脏乱扣5～10分		50	教师评价： 教师签名		
总　　分						

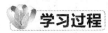

活动六　总结、评价与反思

学习目标

1）能对学习任务的完成过程及学业成果进行总结、汇报。

2）能对学习任务的完成过程及完成效果进行客观公正的综合评价。

学习地点

零件测绘与分析学习工作站。

学习过程

你要掌握以下资讯，才能顺利完成任务

一、工作总结

1）以小组为单位，撰写工作总结，并选用适当的表现方式向全班展示、汇报学习成果。

2）评价（表2-24）。

表2-24　工作总结评分表

评价指标	评价标准	分值（分）	评价方式及得分		
			自我评价（10%）	小组评价（20%）	教师评价（70%）
参与度	小组成员能积极参与总结活动	5			
团队合作	小组成员分工明确、合理，遇到问题不推委责任，协作性好	15			
规范性	总结格式符合规范	10			
总结内容	内容真实、针对存在问题有反思和改进措施	15			
总结质量	对完成学习任务的情况有一定的分析和概括能力	15			
	结构严谨、层次分明、条理清晰、语言顺畅、表达准确	15			
	总结表达形式多样	5			
汇报表现	能简明扼要地阐述总结的主要内容，能准确流利地表达	20			
学生姓名		小计			
评价教师		总分			

二、学习任务综合评价（表2-25）

表 2-25　学习任务综合评价

评价内容	评价标准	评价等级			
		A	B	C	D
学习活动1	A. 学习活动评价成绩为 90~100 分 B. 学习活动评价成绩为 75~89 分 C. 学习活动评价成绩为 60~74 分 D. 学习活动评价成绩为 0~59 分				
学习活动2	A. 学习活动评价成绩为 90~100 分 B. 学习活动评价成绩为 75~89 分 C. 学习活动评价成绩为 60~74 分 D. 学习活动评价成绩为 0~59 分				
学习活动3	A. 学习活动评价成绩为 90~100 分 B. 学习活动评价成绩为 75~89 分 C. 学习活动评价成绩为 60~74 分 D. 学习活动评价成绩为 0~59 分				
学习活动4	A. 学习活动评价成绩为 90~100 分 B. 学习活动评价成绩为 75~89 分 C. 学习活动评价成绩为 60~74 分 D. 学习活动评价成绩为 0~59 分				
学习活动5	A. 学习活动评价成绩为 90~100 分 B. 学习活动评价成绩为 75~89 分 C. 学习活动评价成绩为 60~74 分 D. 学习活动评价成绩为 0~59 分				
工作总结	A. 工作总结评价成绩为 90~100 分 B. 工作总结评价成绩为 75~89 分 C. 工作总结评价成绩为 60~74 分 D. 工作总结评价成绩为 0~59 分				
小计					
学生姓名		综合评价 等级			
评价教师		评价日期			

参 考 文 献

［1］李乃夫．工程制图与机械常识［M］．北京：电子工业出版社，2009．
［2］徐玉华．机械制图［M］．北京：人民邮电出版社，2010．
［3］人力资源和社会保障部教材办公室．金属材料与热处理［M］．北京：中国劳动社会保障出版社，2011．
［4］人力资源和社会保障部教材办公室．极限配合与技术测量基础［M］．北京：中国劳动社会保障出版社，2011．
［5］人力资源和社会保障部教材办公室．机械基础［M］．北京：中国劳动社会保障出版社，2011．
［6］人力资源和社会保障部教材办公室．机械制图［M］．北京：中国劳动社会保障出版社，2011．
［7］人力资源和社会保障部教材办公室．机械制造工艺基础［M］．北京：中国劳动社会保障出版社，2011．
［8］黄惠廉，AutoCAD 2006 基础与应用［M］．北京：高等教育出版社，2008．
［9］张福臣．液压与气压传动［M］．北京：机械工业出版社，2008．